# DSLR
## 高清视频拍摄

郝大鹏 著

中国摄影出版社
China Photographic Publishing House

# 目 录

## 第一篇 器材篇

# 第二篇 应用篇

第一篇

器材篇

第一章

# 视频超能力家族

是时候重新梳理一下手中的视频设备了。当我从学校毕业开始扛着大型 BETA 摄像机拍摄新闻时，我努力让自己做到合理分配体力，因为那种拍摄好像考验的不是摄像技巧，而是肩膀的支撑力。

当然在之后的日子里，我已经足够喜欢那些小型的手持式摄像机了。它们轻盈小巧，对于拍摄场景来说更加有亲和力，也可以更加平实地记录画面。对于一名摄像师来说，这已经是幸事了。

不过当你选择了这个职业，或者说把它当作你的爱好，那么你一定是一个有电影梦想的人。谁不想拍电影呢？但是我们能够使用的设备看上去却如此简陋，仿佛无法用它去撬动电影这块巨石。但是只要你的心中有梦想，坚韧地爱着这件事，那么一切都会有转机。

现在我们开始讨论这件与电影有关的事情，因为科技的进步带来了前所未有的器材革命，我们可以使用小型化、高画质的设备来拍摄自己想要得到的任何影像。这件事非常酷，但是坦白说，让人看上去很酷的事情都要在背后承受一些寂寞和折磨。比如，组一个招女孩喜欢的乐队，或者带着你的公路板在午夜急驶，没有排练或不摔几个痛彻心扉的跟头，这显然是不行的。所以想想梦想，我们应该有勇气开始下面的历程。

尼康 D90 相机。

佳能 EOS 5D Mark II 相机。

# 一、身份认证

要给现在主流的视频拍摄设备做一个分类的确是一件麻烦的事情，在这个推崇跨界和融合的时代，很难界定彼此的界限。

当我 2008 年第一次拿到可以拍摄 720P 视频的尼康 D90 时，我想一个视频的时代可能会因此改变。然后就是佳能 EOS 5D Mark II，这台可以拍摄 1080P 视频的设备更加给这星星之火添了一把干柴，忽然间这种使用数码单反

佳能 EOS 5D Mark III 相机。

松下 GH4 相机。

松下 GH4 相机。

索尼 A7S 相机。

相机的视频功能进行短片创作的方式风靡全球。于是我们都将它叫作 HDSLR 设备，缩写直译过来就是：数码单反高清视频设备。

请记住这里面的关键词：数码、单反、高清、视频。这是一个多么跨界的组合，数字技术 + 单镜头反光取景设计 + 高清标准 + 视频功能，它们综合在一起的效应虽然不足以动摇传统电影的位置，但是它们的能量却刺激了整个影视产业。数码单反相机的价格、高清视频的标准、丰富的镜头群、低廉的存储方式，这一切让影视制作的成本一落千丈。影视制作在低成本和高画质的裹挟之下迅猛发展。在这里请允许我表达两个观点：1. 技术的极致是艺术的基础。2. 推动行业发展的动力是技术和资本。在以下的文字中，我会解释我的观点。

重新回到身份认证这个话题上来，HDSLR 设备在某段时间已经成为这种拍摄器材，甚至是拍摄方式的统称了。但是随后而来的是另一次技术风潮，基于小型化便携性的前提，各个厂家推出了无反光镜相机。以感光元件为缘起发生的这次革命，在视频领域依然火热，无论"微单"还是"单电"，这类产品依然可以拍摄高清视频。

所以问题来了。"HDSLR"对于这类设备的描述显然是不确切的，在开始实用主义的学习前，请允许我先来说清这个道理，然后很任性地给它们起一个"土气"的名字——相机摄影机，用它来表述使用相机工业设计的摄影机产品。用这个名字来区分相机、摄像机和 HDSLR 设备的混乱。

有了这个身份认证之后，接下来的事情就顺理成章了。我们会研究符合这两种混搭身份的设备，阐述它们的使用特点，然后总结拍摄技巧，接下来的创作也就水到渠成了。

在开始下一节的内容前，还要为我的任性和土气来说声抱歉，如果你能想出一个高大上的名字，发邮件告诉我，联系方式可以在前言中找到。

# 二、变形记

　　相机摄影机的出现并不是偶然的。过去许多摄像人对摄像机存在不满，并不是摄像机不好，它在拍摄通用性上的确有优势，但是没有万能的设备！一体式摄像机采用的小尺寸感光元件，和镜头无可更换的设计，让它很难拍摄一些创意镜头，比如小景深这类电影感的画面。同样它的影像宽容度也没有相机摄影机大，这就为拥有电影梦想的使用者带来了困扰。

　　而可以更换镜头的摄像机，往往无论机身还是镜头都是异常昂贵的，只有大投资和完整建制的电视台才能使用得起。忍受着这些诟病，使用者一直在摸索着传统 DV 的改进方式，期间也出现了 Mini35 这类改装设备。它虽然很复杂，技术控制上也有弊端，但是这从一个侧面说明了使用者的迫切渴望。

　　直到尼康 D90 和佳能 EOS 5D Mark II 出现，大尺寸感光元件的使用解决了像场的根本问题，小景深已经不是什么难事，画质、曝光宽容度这些影响视觉表现的因素都已大大改善。这简直就是一场革命，相机上添加的高清视频拍摄功能解决了一个困扰这个行业的大问题。当然你会说，很多年前的数码相机就有视频功能呀？的确，当我在 2002 年第一次使用数码相机的时候，这些机器已经有了视频功能，但是那时候的视频分辨率只有 640×480，它的画质更像一个摄像头，当然这些早期的数码相机依然使用着小尺寸的感光元件。

　　经历了这场革命，很

主流相机摄影机。

小型化的器材很容易得到低角度画面。

为了得到完全平行于地面的画面构图，依然需要进行刨坑的方式，要是使用传统的大型摄影机，那么难度就可想而知了。

多人都放下了手中的摄像机，他们发现单反相机更加轻便，可以进行多角度拍摄。要知道，早期的电影就是由一次次笨拙的拍摄完成的，电影摄影机的庞大机身也让场景调度和演员走位都变得异常麻烦，需要多名工作人员来共同操作一台设备才可以完成拍摄；而且庞大的机身让画面角度单一，视觉感呆板。想想希区柯克的电影，里面出现了大量汽车内场景的拍摄，这些画面往往都是在摄影棚内添加动态电影背景，然后让场工使用大木杠翘起汽车底盘弹簧，从而得到街景背景和颠簸的感觉。如果要拍摄车内的表演画面，那么甚至要将汽车进行拆解来完成拍摄。这种方式在之后也没有得到缓解，电影摄影师太需要小型化高画质的设备来完成狭小空间的拍摄了。以至于佳能 EOS 5D Mark II 这类设备出现后，一段时间内大量车内对话的拍摄都是使用它们完成的。这对于创作和制片成本控制简直是福音。

当然这类相机摄影机也有弊端。首先它们并不是针对视频拍摄而设计的，相机一般采用握持立式设计，它只要保持瞬间的稳定性就可以了；而视频是需要连续拍摄记录的，这就需要它的人体工学设计适合长时间的稳定，因此其设计偏向卧式，以采用手持和肩扛的方式延长其稳定时长。

用于拍摄视频短片的 EOS 5D Mark II。

其次，摄像机是一种进行长时间拍摄记录的设备，而相机摄影机基于数据存储分区和产品商业化定位的考虑，记录一段时间就会停止一次。比如，佳能 EOS 5D Mark II 的记录时长限制为 12 分钟，这对于音乐会、会议之类的拍摄就会有先天的短板。

再次，回到相机的工业设计上来，在镜头的设计上相机镜头和电影镜头有着先天的不同。比如相机镜头的对焦行程较短，一般在 270° 左右，像 18-300mm 这类镜头，只需轻轻转动一点对焦环就有几倍或十几倍的变化。这对于电影拍摄来讲是不可想象的，比如拍摄一个枪战追逐场景，需要精确地控制焦点，电影镜头可以通过长距离的对焦行程控制来进行跟焦，而相机镜头只要轻触一下对焦环，焦点就已经偏失了。所以使用相机摄影机，对于焦点的控制是必须反复练习的。

不过现在很多厂家针对相机摄影机出品了适合相机镜头卡口使用的镜头。这是一种介乎相机镜头和电影镜头之间的产品，可以很好地解决相机摄影机的跟焦问题，但是此类镜头价格不菲，往往镜头比相机摄影机的机身贵很多倍。

最后一个显著差别是自动对焦系统，相机摄影机具备自动对焦功能，不过这个功能是为相机设计的，它的焦点

佳能 70D。

索尼 A99。

连续性虽然是可以保证的，但是在拍摄视频时，视频会把对焦的过程记录下来，显然谁也不想看到这些断断续续的对焦过程画面。于是相机摄影机的使用者几乎全部使用手动对焦的方式，而且有很多附件生产厂家也为此开发了跟焦产品，比如 USB 跟焦器。

在我写这本书的时候，这一情形有了一些改善。我们之后会讲到，佳能 EOS 70D、索尼 A99 这些设备利用了特殊的对焦技术，正在逐步提高视频对焦速度，通过努力，已经可以让摄像师信任它们的对焦能力。我就在试用了几次之后下决心买了一台佳能 70D，我的很多视频都是使用它来完成的。

以上简单描述了相机摄影机的变形过程，我依然建议大家尝试使用一下摄像机，这样再使用相机摄影机就会有非常明确的差异感。若用心体验，它会让你爱上相机摄影机，并且让你知道如何扬长避短地使用它们。对于摄影和摄像而言，相机、摄像机、相机摄影机只是工具而已，使用工具时产生的"肌肉记忆"很重要，如同说英语时的发音练习，或者开车时的下意识操作，它会让你快速达到操控目的，把更多的时间放在创作上。

第二章

# 动态影像超能力

老实说，操控性并不是相机摄影机的强项，这需要通过附件来解决。但是对于超能力而言，大画幅、高码流、镜头拓展和便携性，这些绝对是大家忍受操控性后大加赞赏相机摄影机的原因。

大画幅能带来更大的像场，高码流可以让画质更好，镜头拓展丰富了创作的可能性，便携性则是运动拍摄的前提。下面让我们仔细了解一下它们对于拍摄的重要性。

# 一、无敌大画幅

大画幅是一个相对的概念，体现为相机感光元件尺寸和摄像机感光元件尺寸的对比。相机和摄像机都是影像产品，不过虽是同源但是并不同类。

## 先谈根源

我在这里先说说历史问题，从根源找到差别是解决很多矛盾最有效的方式。首先要说，摄影、摄像天生是具有差异的，"不怕你懂摄像，也不怕你不懂摄像，最怕你用摄影的眼光去看摄像"。它们看似都使用胶片，但是目的绝对不同。

在大感光元件方面，如果要追根溯源，其实就是胶片尺寸的选择。摄影有很多种胶片尺寸标准，胶片相机其实就是由胶片尺寸定义其类型的。比如，135 相机使用 135 型胶片，120 相机使用 120 型胶片，实际应用中使用 135 型胶片的相机被定义为 135 相机。

电影摄影中有广为人知的 8mm、16mm 和 35mm 规格，主流规格是 35mm 和 S35mm。虽然进入了数码时代，但现在沿用胶片拍摄的导演依然还很多，他们甚至使用 65mm 或者 70mm 的胶片，这其实和喜欢使用大尺寸感光元件是一样的。所以针对全画幅而言，它并不是一定就好，一切都要和实际相结合，结合的目的是要符合影片风格、拍摄需要和制片成本。所以在本书中，我们所提及的全画幅，即可

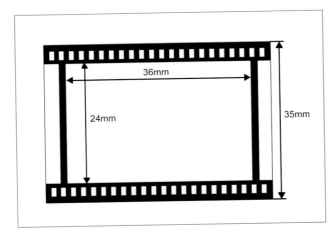

35mm 画幅示意图。

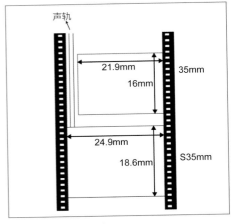

S35mm 画幅示意图。

认为等同于 135 相机的画幅尺寸。

35mm 电影胶片和 135 型相机胶片其实是一种东西，展开之后的尺寸是一样的。我在上学时还曾买过乐凯生产的电影盘片，将它剪开装在相机胶片的片盒中，这足以证明它们的通用性。无非是电影盘片很长，论呎来计算，而相机胶卷只有 36 张，容量很小而已。

你也许会问，既然一样大，那怎么会出现相对的大画幅呢？虽然是一样大的胶片，但是相机和电影机的过片方式并不相同。现在让我们设想一下，使用相机时我们会用右手的大拇指来扳动卷片器，上紧快门发条，然后按下快门。这个过程就是相机胶片的过片方式。你在扳动卷片器时完成了一次相机的横向过片，请记住它是横向的。然后我们再来观察一下电影摄影机的大片盒，如果是横向过片，它们的片盒应该在摄影机的两端才对，为什么会在机顶位置呢？因为摄影机的过片方式是纵向的。

既要纵向过片又要完成横画幅的拍摄，这就框定了电影摄影机的底片画幅，将以相机底片画幅的高（短边）来作为电影底片的宽（长边）来使用，这是一个抽象的事，但是对于理解同种胶片产生不同底片面积确实极为关键。搞明白了它之后，感光元件尺寸的根源问题就解决了一半，因为它先天就是这样，只不过现在的感光元件其实就是过去的底片而已。

那么问题的另一半就是视觉暂留原理。电影通过每秒 24 格的连续画面产生动态效果，通过视觉暂留原理，人们看到了运动的画面。因为是视觉暂留的关系，可以放松对于电影分辨率的要求，它并不需要像摄影作品那样的清晰程度。接着之前的话题，有的导演用 65mm 和 70mm 的胶片拍摄，那是因为现在我们需要胶片电影放映达到更高清晰度而做的改变。大尺寸底片对于画面分辨率是极为重要的，而且它可以配合镜头提供更大的视野，投影到更大的银幕上。

# 电视传承

电视系统也是这样，只不过将化学显影的方式传承为光电技术。只是电视系统更乱一些，它的分辨率、帧速、色彩在世界范围内并没有统一标准，主要分为两大阵营：PAL 制式（简称 P 制）和 NTSC 制式（简称 N 制）。

中国使用的是 P 制标准，标清格式为 720×576 像素，帧速率为 25fps（即帧/秒）。N 制主要以欧美、日本为主，标清格式为 720×480 像素，帧速率为 29.97fps，有时候也以约数 30fps 表示。在高清阶段，帧速率各个制式还保持着不同，但是分辨率已经统一成 1280×720 像素或者 1920×1080 像素，使用者可以两者选其一，但是像素数表示的分辨率并不代表某个制式所属。

这看起来已经很烦琐了，我也理解很多人喜欢看电视和电影，但是并不喜欢制作自己的影片，多数原因就来自于这种烦琐。但是没有办法，如果你想从事这个领域，那么这些枯燥乏味的东西是必须掌握的，否则无法真正理解器材，容易出现拍摄错误。记得我在几年前经常碰到有人问我，为什么自己买的摄像机拍出来的视频只有声音没有画面？一般碰到这个问题，我就反问他，DV 是在香港或者日本买回来的吧？因为香港和日本都使用 N 制，N 制的摄像机产生的编码在 P 制电视上是无法解码的，而音频编码和解码方式却是全球统一的，所以产生了实际观看效果是只有声音没有图像。

电视系统在分辨率上突破了电影的底线，形象地理解就是电影院里的银幕要大于电视机的荧光屏；电影系统只有缩小分辨率才能形成录像带、VCD \ DVD \ 蓝光 DVD 之类的电视系统播放介质。但是反推，这些介质无法满足电影的播放要求。

同样，电视系统利用视觉暂留也突破了电影的底线。除了 25 fps 和 30 fps 这两种帧速率参数，我们还会看到 50 fps 或 60 fps。这两种参数是标准制式帧速率的一半，它们再一次拆解了画面，把一帧画面分成一半。当然这种方式并不是把画面从中间分割成左右或者上下的两部分，而是通过抽丝剥茧的方式将画面分解成无数个条状带，然后通过跳动的方式拼合成画面。这又很抽象，怎么说呢？你经常把两只手的手指交叉在一

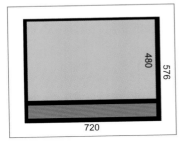

标清格式。

标清 4:3 格式和高清 16:9 格式比较。

起，保持一种中立或者思考的感觉，那个多维的条状带就好似你的手指，交叉在一起形成一个完整的帧，而单个的一只手，则是画面的一半，我们叫它"场"。

这个场画面通过快速的闪烁得到了无数个帧画面，这个技术利用视觉暂留再次降低了画面的质量，但是这对于电视输出却有好处。想想我们早期的电视，都是使用无线方式来接收信号的，场信号降低了发射数据量，可以让信号传递得更加广阔。在科技的不断进步中，平衡是非常关键的，要想广阔就要减少数据量，反正看到总比看不到要强，而看得越来越清晰就是视频科技不断追求的。

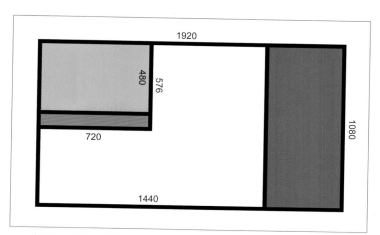

标清、高清格式比较。

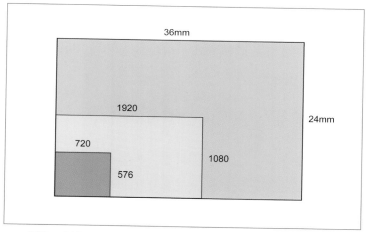

标清、高清、135 胶片全画幅。

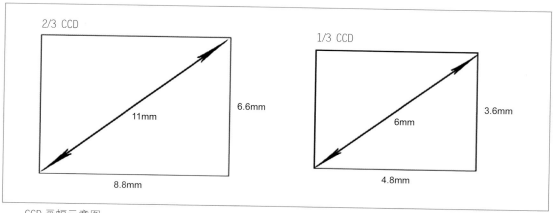

CCD 画幅示意图。

# 全画幅的魅力

说到全画幅，我们一定要了解多大的尺寸才算是相机的全画幅。其实按照标准135胶片的尺寸，以佳能 EOS 5D Mark III 这样的单反型相机摄影机为例，它的感光元件已经达到 36×24mm。对于相机而言，全画幅的成像细节表现更强，对于镜头广角端表现及弱光时的拍摄等都有不可言喻的好处。但是对于摄像机来说，相机采用横走式的过片方式，这样快门每开关一次就会对胶片进行一次"全画幅"区域的曝光；而电影机的过片方式为纵走式，所以摄影机使用的胶片画幅的最长边最大也只能等于相机画幅的宽度。从这个理论出发，用全画幅的 EOS 5D Mark III 拍摄视频，简直大大地超出了摄像机感光元件的画幅，所以佳能 EOS MOVIE 采用这样的全画幅配置，极大地满足了高画质的要求，可以在曝光控制、低照度拍摄，以及景深控制上得到更大的宽容度。

即使抛开135尺寸的感光元件不谈，35mm 电影机使用的胶片尺寸相当于 APS-C 画幅（尼康公司称之为 DX 画幅）。如果为了彰显所谓的性价比，那么选择 APS-C 画幅的相机摄影机就具有高性价比了，它已经可以较为忠实地还原电影机的本质了，而且价格的确比全画幅的相机摄影机低很多。即使使用 4/3 系统的产品，这依然要比广电级摄像设备的感光元件要大，所以只要够用即可。要知道，任何无用的功能和感光元件边缘的像素都是浪费的投资。对于像场、动态范围之类的参数来说，拍摄时的责任感要比这些看似大号的数据来得实在。要知道我们的前辈使用粗糙的感光材料依然拍摄了无数电影，其中的经典不胜枚举。拍摄的主体是人而非设备，切记。

## 小景深的魅力

小景深效果对于摄影爱好者来说可以轻松达到，但是摄像机的硬件配置使其无法得到小景深效果，或者说难于得到小

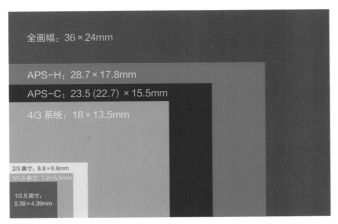

普通 HDV、高清摄像机和全画幅相机的感光元件尺寸示意图。

APS-C 画幅的佳能 EOS 7D。

景深。因为这受限于光圈、焦距、物距和像场的彼此关联。在相机摄影机设备中，可更换镜头的设计解决了光圈和焦距的问题。在物距这个层面上，只要导演和摄像师调度得当，人物的走位满足要求即可达到效果。重要的是，全画幅感光元件的尺寸已经足够大了，在前 3 个参数一定的情况下，可以通过增大像场来进一步完成小景深的效果。

在 DV 时代很多人认为小景深画面是非常具有电影感的，于是在相机摄影机流行起来之后，就大量使用小景深画面，从刚开始的尝试、推崇，一直发展到现在泛滥的程度。任何事情包括影像创作都要考虑过犹不及这个问题，恰到好处的余味是回忆，泛滥带来的就是灾难了。

对于小景深来说，它的确具有无可比拟的画面效果，这种如同虚化背景的人像摄影般的画面，可以绝对地突出主体。无论是在对人或对物的表现上，主体明确是调动视觉点所必要的手段之一，而且可以产生视觉新鲜感。很多小景深画面突破了人眼以往的观察极限，这种画面偶尔出现确实会令人眼前一亮。

除此之外，小景深也是剧组控制成本的一种方法，尤其针对广告、MV、微电影这种投资较小又要有一定空间的影片而言，昂贵的道具和美术费用可以通过背景虚化的方式来解决。无须全部都虚化掉，可以保证背景物体的轮廓和色彩表现，让构图丰满起来，这种方式就是大家喜欢的具有性价比的画面了。所以在不泛滥的情况下，可以使用小景深来规避环境和创造

在拍摄的过程中通过焦点的移动，可完成小景深效果的运用。

高感光度下的人像拍摄效果，噪点抑制很成功。

低照度夜景拍摄。

低照度配合小景深效果。

高反差效果。

环境，这对于纪录片的拍摄也是有用的。

## 高画质的表现

高画质其实是由相机或者摄像机的整体系统所决定的，偶尔某一个部件很高端并不一定可以达到高画质。类似佳能 EOS 5D Mark III 这个级别的相机摄影机，使用它画质确实是有保证的，优秀的机身硬件和光学设计，可以保证画面的"原生态"。全画幅 CMOS 可让画面细致清晰，而且配合大光圈的顶级定焦镜头还可以完美地实现小景深效果。

在没有相机摄影机之前，要达到电影级的效果，往往要投入足够多的成本才可以。而使用相机摄影机不仅降低了成本，还在画质上达到了以往的最高水准，这是很多低成本商业导演梦寐以求的。

另外，使用相机摄影机的大号感光元件可以达到高反差、高感光度以及低照度的顺畅拍摄，全画幅、高像素的 CMOS 可以抑制低照度噪点，高感光度的使用则拓展了相机摄影机的使用空间，若再配合小巧、便携的机身，相机摄影机就成了全天候、全角度使用的高清拍摄产品。

# 二、强烈高码流

在视频制作中，格式和编码是息息相关的两个概念。我们经常听到有人说某视频文件在播放器中无法打开，或者同样格式的文件却在同一个播放器或者后期平台中无法导入。其实格式和编码如同相声中的双簧，格式只是前面负责表演的傀儡，而真正发出指令的则是后面的编码方式。

在相机摄影机的拍摄中也不例外，所以在选择、购买

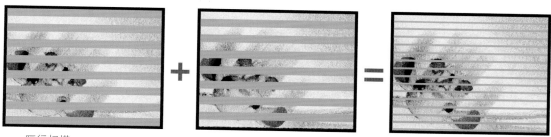

隔行扫描。

和使用过程中，一定要注意，画质是由两部分决定的。硬件配置只是其中一部分；软件，确切地说就是编码和码流的选择是同样重要的。

## 格式和编码

格式是被规定出来的，其实它没有实际意义，是由几个厂家开会讨论决定的。从技术上来说就是不同的编码平台，就像 MAC 和 Windows 系统的划分那样。

格式如同一艘艘的航母，编码方式如同航母上的飞机。在一个格式下可以有不同的编码方式，而飞机的大小就是码流。画质就是由这些最根源的数据决定的，当然相机摄影机也不例外。举个例子，MOV 是主流格式的名称，在 MOV 中有 AVCHD 或者 MotionJPEG 这两种编码，而码流则有 50Mbps、28 Mbps、24 Mbps、17 Mbps 等。

逐行扫描。

相机摄影机的画质参数已经抛开了摄像机参数的束缚，所以它们提供的画质都是一流的，这些细节的提升造成了现在的流行势头。从设计的拓展性到机内的数据优势，造就了一个成熟的相机摄影机系统。

## 主流编码

从静态图片发展到动态视频的过程中，速度和图片量成为非常重要的参数。说到速度那么一定要说到动态视频的理论根源，就是"视觉暂留"现象，因为人眼有这一特点，才会有一格格拍摄而成的电影艺术诞生。

　　另一方面，图片量也是关键参数，只有大量的连续图片放在一起高速地运动才可以产生长时间的镜头。在拍摄电影时我们计算的数据标准是呎，通过胶片使用长度来衡量影片时长；在数字视频的后期计算中，我们使用帧来衡量长度，然后才是秒、分、时。

　　了解了视频和图片的关系，我们下面来谈一谈数码单反相机高清视频的压缩方式就更容易理解了。

# H.264

　　经过上面的描述我们可以看出，视频的产生就是无数静态图片堆积而成的。我们拿 PAL 制式的视频为例，1 秒钟视频为 25 帧，这也就是说，看到 1 秒的电视画面就相当于同时看到了 25 张图片在滚动播放。那么我们来仔细算算，假如我们看一部 90 分钟标准时长的电影需要多少张图片？

　　$25 \times 60 \times 90 = 135000$。我们需要看 13.5 万张的连续图片，如果你对视频不了解，那么摄影爱好者应该知道这 13.5 万张图片意味着需要多大的硬盘存储空间。即使不这么比较，1 分钟的视频等同于 1500 张图片，这个数量也许是我们旅游一个星期拍摄的照片总和，这样算下来，拍摄视频需要大容量的硬盘是非常必要的，也是非常好理解的。

　　如此多的图片一起放置在硬盘，然后顺序播放，是一件非常繁重的工作，要流畅地观看只有一个好办法，那就是化零为整，适当压缩。下面我们再来说 H.264 的意义。

　　H.264 是一种非常有效的压缩方式，其最大的优势是它具有很高的数据压缩比率，在同等图像质量的条件下，H.264 的压缩比是 MPEG-2 的 2 倍以上，是 MPEG-4 的 1.5-2 倍。举个例子，原始文件的大小如果为 88GB，采用 MPEG-2 压缩标准压缩后变成 3.5GB，压缩比为 25∶1；而采用 H.264 压缩标准压缩后变为 879MB，从 88GB 降到

H.264 编码示意图。

MotionJPEG 编码示意图。

879MB，H.264 的压缩比达到惊人的 102 : 1。

　　H.264 为什么有那么高的压缩比？低码率（Low Bit Rate）起了重要的作用。与 MPEG-2 和 MPEG-4 等压缩技术相比，H.264 压缩技术将大大节省用户的下载时间和数据流量费用。尤其值得一提的是，H.264 在具有高压缩比的同时还拥有质量高且流畅的图像。

　　现在很多单反相机的视频基本都是用 H.264 的方式进行压缩，它是高画质和高存储效率的保证。了解了这一点，对于我们拍摄和选择相机都非常有帮助。

# MotionJPEG

　　MotionJPEG 有的时候也写为 M-JPEG，是现在 4/3 系统相机喜欢采用的一种压缩方式。M-JPEG 技术不同于 H.264 化零为整的压缩方式，这种压缩方式把运动的视频序列作为连续的静止图像来处理，单独完整地压缩每一帧图像，在编辑过程中可随机存储每一帧，也可进行精确到帧的编辑。

　　经过不断发展的 M-JPEG 格式已经完全可以达到高清拍摄的要求，在微单相机中使用这种压缩方式的很多。

1. 在松下 GH4 上有很明确的视频格式分类，用来讲这部分内容正好。使用 AVCHD 格式可以拍摄主流的高清视频，适用于 HDTV，也就是高清电视播放呈现。

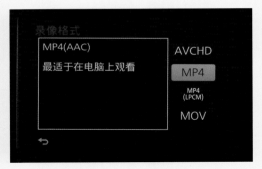

2. 大家熟识的 MP4 格式适合在电脑上观看，编解码方式更适合移动设备。

3. MP4（LPCM）格式，在视频编码上是不会变的；音频因使用线性 PCM 编码方式，音质会更好。

4. 在 4K 或者其他高质量高清格式的选择上，MOV 格式是主流的，而且通用性很强。

# 三、主流视频分辨率

## 全高清 1080i

关注家电的朋友可以从广告和商场的广告牌上看到这个数字标识——1080i，当然现在已经有了 4K 电视，这个后面会说。其实针对我国的电视标准，1080i 的确是一种主流视频尺寸，所以当我们使用数码相机拍摄视频的时候，要得到理想画质必须把相机摄影机设置到 1920×1080 尺寸上。

其实相机摄影机的扫描方式普遍要优于 1080i，它们可以达到 1080P 的逐行扫描方式，画质的精细程度很高。

## 高清 720P

首先，需要声明一下：通常我们把 1080i 称为全高清（Full-HD），而把 720P 称为高清（HD）。其实，在 HD 模式下，1280×720 像素也是高清规格，只不过是以 30fps 逐行扫描拍摄为主。

在这个模式下，由于画面没有隔行扫描的场现象，感觉视频清晰度有所提高；与全高清模式相比，变焦速度明显自由而快捷一些。或许前者对视频的实时压缩顾及较多，而降低了变焦的自由度。由于是逐行画面，在电脑显示器上看流畅性要好于隔行扫描的 1080i；但要是在电视机上观看，隔行扫描的画面会感觉稍有闪烁感。顺便提一下，无论是 60fps 还是 30fps，都是对应 NTSC 制式的标准帧速率，需要支持此帧速率的电视机才能更好地表现摄像水准。

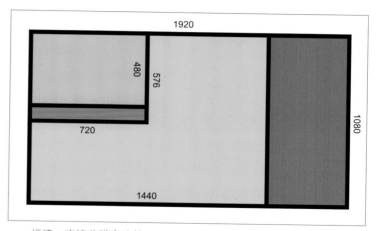

标清、高清分辨率比较。

## 标 清

在数码单反相机上还存在标清格式的视频设置，但是它并没有使用主流的 720×576 分辨率，而是使用了 640×480，究其原因

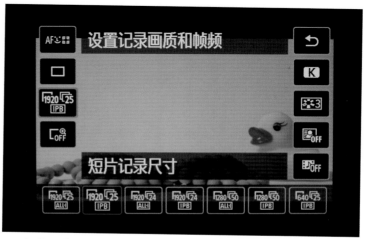

记录画质和帧速率。

是因为这种格式更加适合从相机的感光元件上截取对应的画幅尺寸。但是这些像素损失对画质的影响并不大，数码单反相机的感光元件和像素本身就高于一般的摄像机，所以画质要比想象的好很多。

也许有人会说，既然到了高清摄像的时代，为什么还要保留标清格式呢？这是因为如果用于网络传播和新闻视频发稿，标清的传输速度要大大高于高清，及时性和流畅性都有很大的优势，所以我们还是

**Tips：更改系统频率**

1. 对于相机摄影机来说，它的制式选择和摄像机是一致的。这里我们以松下 GH4 为例分析，其中所说的"系统频率"或者"视频制式"选项内容其实是一样的。

2. 相机摄影机一般只有 50Hz 和 60Hz 的选项，也就是传统说的 PAL 制式和 NTSC 制式。但是如果你看到 24Hz 的选项，则代表无论摄像机还是相机摄影机，都可用于电影拍摄，即可以直接使用电影标准帧速率来进行拍摄。

3. P 制的 50 帧数值是固定的，但在 N 制中会表述为 59.94 帧。因为现在相机摄影机都是逐行扫描的，所以很多人都忘记了 P 制和 N 制的标准数值：25 帧和 29.97 帧。这是标准的设置数值，但是现在使用 50P 和 60P 也没错。

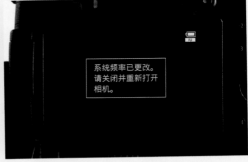

4. 更新了系统频率之后，摄像机和相机摄影机都需要重启之后才可以执行相应设置。

需要适当地使用一下标清格式来完成拍摄。

# 4K 和编码

未来视频的主流肯定是 4K，而且它已经不再是几年前的空谈，而变成实际的拍摄制作方式。2014 年的世界杯就有由 4K 信号进行制作传输的，虽然国内还以高清为主，但是这种尝试已经在不断进行中了，4K 并不遥远。

K 是一个电影概念，只要看到这个字符就要想到电影制作。1K 是 1024 个像素。高清则是一个电视系统概念，同样也有电视系统的 4K 概念，我们叫它超高清（UHD）。无论是电影还是电视系统，它们的画面尺寸共同点在于画面的高，这个

尺寸都使用 1080，高清尺寸是 1920（宽）×1080（高），2K 是 2048×1080。2K 的画面面积比高清大 7%。在 4K 系统中，画面尺寸沿对角线放大，所以保证 4096 像素的宽边，高就变成了 2160。4K 画面是 2K 画面面积的 4 倍。同样，高清系统放大 4 倍就变成了超高清，它的尺寸是 3840×2160。

在之后讲到的相机摄影机中，它们的画面宽边可以选择 4096 或者 3840，但这些都是 4K。另外，我还建议大家要正确面对 3840 这个所谓的小尺寸 4K，在高清时代我们就犯了盲目喜欢大数字的毛病，总是忽略 720P。现在我们更要正视 3840 这个数据，它可以让我们的制作成本大幅降低，这代表着电视制作成本和电影制作成本的差别。

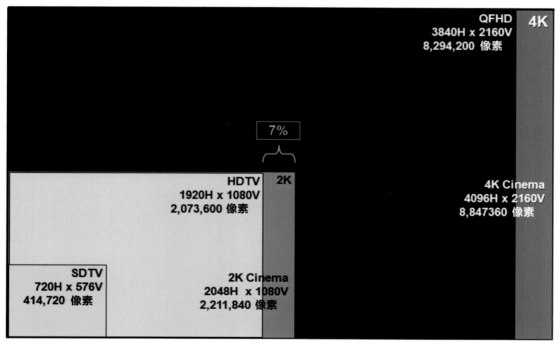

4K 和主流分辨率比较。

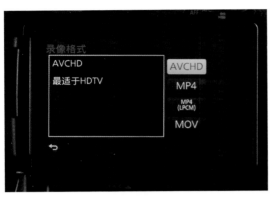
每个厂家都有自己主流的视频格式及码流。

在当下我们能选择更多的编码方式。

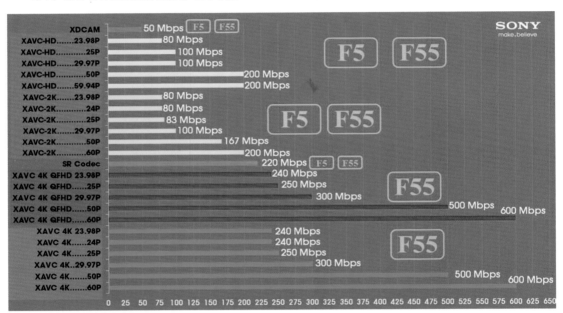
索尼主流电影摄影机码流一览。

在编码方式上，高清时代主流的格式和编码都可以延续，产生了 H.265 编码，我们无须关注原理，记住它就好了。除此之外还有 XAVC 和 XAVC–S 这两种编码方式，这些都是 4K 时代的主流编码方式。

编码方式的提升可以带来更加清晰的画质和更加丰富的色彩，而且对于色位深度和采样比来说也有了质的飞跃，码流可提升到百兆以上。这些具体的优势我会在讲到相应机型时详细描述。

# 四、多镜界

相信你已经使用过一体式摄录机了。为什么要说这么一句不接地气的术语？其实很多DV的学名就叫一体式摄录机。这意味着它们的镜头不能更换，而且是摄像机和录音机结合在一起的。

不可更换镜头造成视角单一、角度单一，最终造成视觉表现单调，这对于喜欢视觉冲击力的现代人来说，简直是一件乏善可陈的事情。好莱坞电影基本上开了头就可以猜到结尾，但是为什么大家依然趋之若鹜？故事的套路已经被科学地总结过了，但是视觉表现的惊喜程度显然要更遭人喜欢。这和我们喜欢漂亮姑娘或者帅小伙是一个道理，视觉感就是打扮你的画面，除了光影、造型之类的问题，镜头产生的画面其实是最直接的造型方式。

## 视觉化上瘾

把电影感放到一边，很多人在使用摄像机进行创作时是无法得到直接想要的画面的，而相机摄影机则完全没有问题。在这个视觉化上瘾的时代，文似观山不喜平，同样，视觉感受也要一浪一浪地将观众的心推向高潮。画面就是浪潮，而镜头就是扬起波浪的风。

没有通用的镜头，我们必须针对不同的场景和不同的主题来设计画面，从而使用相应的相机镜头。相机摄影机的一大好处就是可以更换镜头，这虽是一把双刃剑，但是如同之前说的，拍得爽才是最关键的，麻烦一些无所谓。

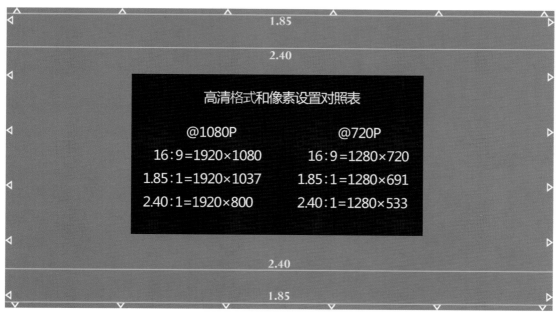

高清格式和像素设置对照表。

| 高清格式和像素设置对照表 | |
|---|---|
| @1080P | @720P |
| 16:9=1920×1080 | 16:9=1280×720 |
| 1.85:1=1920×1037 | 1.85:1=1280×691 |
| 2.40:1=1920×800 | 2.40:1=1280×533 |

使用大广角镜头在拍摄图片时画面尚可接受，但是如果拍摄连续的视频画面，那么左下角牛的头部已经发生了变形拉伸。此时拍摄一个摇移镜头的变形感画面，可以想象一定很差劲。

可更换镜头系统提供了从鱼眼视角到长焦视角的所有可能性，这极大丰富了创作视角，可以得到很多超乎传统视觉观察的画面。比如用鱼眼镜头来拍摄变形的人物，或者用微距镜头来拍摄昆虫，这些足以突破人类视觉自然呈现的画面，会让人感觉更加新鲜。

## 相机镜头优势

相机镜头是极为丰富的，只要根据感光元件的画幅来选择相场合适的镜头即可，这是电影镜头无法比拟的优势。

相机镜头很轻便，如果你见过电影摄影机镜头的话，那么相机镜头中绝大多数就是无足轻重的重量和体积。更为关键的是，相机镜头的价格远远低于电影镜头，它们的价格没有可比性。

其实相机镜头和电影镜头本身就没有可比性，它们的设计原理和使用范围并不相同，只不过现在有了相机摄影机这类产品，在混用的过程中，一切都显得不太清晰明朗，但这并不是无章可循的。只要看看传统镜头厂家的动态就可以分析得出来，以往生产电影镜头的厂家也逐渐进行了镜头卡口的更迭，偏重于为相机卡口设计质量上乘的电影镜头。这种镜头设计偏电影，镜头卡口却偏相机的产品，就可以说明这一点，而且也证明了相机摄影机的市场占有量不低，否则这些厂商是不愿意这样做的。

MFT 镜头非常小巧，对于摄影来说有方便快捷的优势，但是对于摄像来说，跟焦会略显麻烦。

除此之外，我们还可以使用镜头转接的方式来拓展镜头的使用范围，这是一种具有高性价比的方式。比如很多人喜欢可以拍摄 4K 视频的松下 GH4，但是手中的 MFT 镜头（4/3 系统镜头）又很少，此时就可以使用转接环来转接佳能或者尼康的镜头，这就像使用杠杆撬动一个大的镜头库。不过前提是要明确法兰距，这句话你现

电影镜头和相机镜头比较。

在也许还看不懂，没有问题，之后在镜头部分会详细讲述。

另外，相机摄影机在画质方面的确有很大的提升，这一切都源自于大尺寸感光元件、编码方式及码流技术的进步。其实从相机或者摄影机的结构就可以看出，光进入镜头，然后传递到感光元件上，进行光电转换之后，电信号完成了后续的工作。光电转换就像一个翻译的过程，准确翻译的前提是原文的语言就是准确的，所以镜头选择也是提高画质的关键；而保证原汁原味的光线，就是保证了原文的准确。

显然相机镜头完全可以胜任视频拍摄，视频的分辨率相对于摄影图片的分辨率而言是小的，能够满足摄影使用的镜头无论分辨率还是像场都可以满足相机摄影机的使用。

## 相机镜头弊端

相机镜头对于相机摄影机而言是标准配置，但是对于视频拍摄而言则不是这样，因为它的标准是为摄影而设计的，并非为视频而设计。相机摄影机在使用相机镜头时的感觉就好像弟弟经常捡哥哥的旧衣服穿一样，御寒保暖没有问题，但是多多少少在细节上显得别扭。

在视频的拍摄过程中，跟焦是非常重要的，它更强调运动，而并非摄影中强调的瞬间艺术。因为摄像是连续呈现画面的，所以相机摄影机对焦或者跟焦的过程往往会被录制下来。为了避免这些画面出现，我们在拍摄时往往使用手动对焦功能，这种对焦方式只有在对焦辅助功能的配合下才可以熟练操作。而相机镜头的操控并非为连续手动跟焦设计，这就形成了矛盾，只有忍气吞声地使用了。顺便说一句，这种矛盾也在缓解，比如佳能 EOS 70D 使用的 CMOS AF 技术，就可以快速提高对焦速度。

相机镜头的优势在于镜头变焦行程和对焦行程很短，可以帮助我们快速构图，完成抓拍。但是摄像师却并不会

电影镜头在设计时非常人性化，虽然是两个不同的焦段，但是对焦操控扣齿位置是相同的，而且镜头长度一致。这样即使更换镜头，滤镜组和跟焦器的位置都不需要调整。

电影镜头口径很大，可以很好地校正边缘变形和通光量问题，而且周围形成的光斗设计，可以防止眩光进入，操控起来阻尼感非常出色。

更多的光圈叶片可以得到更好、更精细的光圈操作。

变焦电影镜头，其价格都是很高昂的。

电影镜头卡口。主流电影镜头使用 PL 卡口，现在各个厂家也针对相机摄影机设计了 EF 卡口、MFT 卡口、E 卡口镜头，这主要源自于相机摄影机卡口的法兰距较短的优势，但是电影镜头的后镜组有时会超过卡口位置，这时我们就要从后镜组位置来计算法兰距了。

佳能 14mm T3.1 电影镜头。

这样操作镜头。比如拍摄一组人物追逐的画面，要想连续跟焦控制焦点的清晰，对焦环或变焦环的行程就代表着跟踪焦点变化的精细程度。这对于慢速的运动则更困难。

摄像师喜欢对焦行程很长的镜头。在电影镜头的设计上，往往要转动几周对焦环才可以完成几米的焦点位移，这就给跟焦员足够的操控空间，让焦点在景深范围中更加精准地表现出来。还记得我之前说电影感小景深的话题吗？在小景深的环境下，焦点如同针，景深如同纱，这种吹弹可破的拍摄方式，其实会给使用相机摄影机的摄像师带来很大的操控难度。

佳能 85mm T1.3 电影镜头。

佳能 30-105mm T2.8 电影镜头。

在镜头左右两侧都有相应的焦距和光圈刻度，这样做方便跟焦员在不同的位置进行焦点和光圈的操作。

| 蓝色 | 1.78 : 1 |
| 橙色 | 1.85 : 1 |
| 红色 | 2.35 : 1 |
| 绿色 | 2.40 : 1 |

各种主流高清画幅比例示意表。

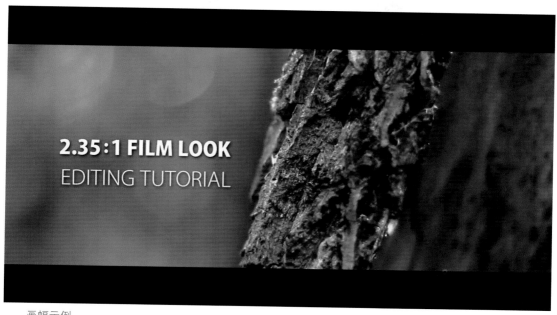

画幅示例。

在镜头画幅的要求上，电影画面的摄影往往会选择搭配相应画幅标准的镜头。比如一些为了展现辽阔视野的遮幅式电影画面，它们使用 2.35∶1 或者 1.85∶1 的画幅比，而镜头也会使用相应的变形电影镜头。对于未来相机摄影机的发展来说，满足更多的画幅比例标准显然是必须的，那么此类镜头也是值得期待的。

现在很多厂家也看准了相机摄影机市场，生产了廉价的电影镜头可供摄像师选择。

相机镜头没有配置与跟焦器配合使用的镜头齿，也没有方便跟焦的左右焦距标记。虽然这些都可以通过附件来完善，但是它毕竟不是为视频拍摄设计的，不能做到专项使用，期间产生的麻烦也是无法避免的。具体的问题和解决方法，我会在之后讲解镜头的部分中，详细给大家介绍。

# 五、便携多分享

请相信，未来的影像器材一定是小型化的。如果你经常用手机进行拍摄，而又感觉手机拍摄的图片马马虎虎过得去，那么你已经深陷这个漩涡了。现今的人显然很喜欢分享，而大型设备在拍摄和分享过程中都是毫无便利性可言的。

## 所谓专业

有很多人让我推荐摄像机，上来就说能不能给我推荐一台体积庞大的机器，这样看起来专业。

"看起来专业"实际特别不专业。"外行看热闹，内行看门道"，很多年来电视台的制作方式给予国人的影响简直已经深入骨髓，摄像机一定要大个头的。

我在电视台实习时的师傅患有严重的腰椎间盘突出，他的痛苦从他的表情就能看得出来，这基本是摄像师的职业病，因为他们都使用大型肩扛式摄像机。这些外人看来专业无比的产品，它们带来的痛苦只有摄像师知道。而那个所谓的"看起来专业"的心态，让人感觉使用者不是摄像师，而应该是个表演艺术家。

老式电影摄影机。

这种摄像机足够大，但是看不出哪里特别"专业"。

甚至有一些厂家还根据市场的需要开发出相应的"看上去专业"的产品。这种设计的倒退，对于市场的迎合，就其实际拍摄而言有害无益。

# 减 负

对于一个负重能力要强于创作能力的摄像师而言，这是摄像这门艺术的悲哀。对于便携性和小型化而言，不只是把机器做得很小这么简单。这种小巧可以为摄像师减负，可以让摄像变成随时随地都能进行的事情，同时它对于被拍摄者也是一种"减负"。

大型摄像器材的"气场"是非常充足的，它让人感觉到专业。同样它也可以让被采访者感到紧张，在纪录片美学上，这种方式是不被提倡的。也就是说，它的介入感太强，会让被摄者感觉不自然。这如同布列松或者卡帕使用大画幅相机去完成纪实抓拍，假设他们做到了技术上的可行，做到了操作上的灵活度，但是在街头或诺曼底海滩上出现这么个奇怪的木头壳子，那种大师的"帅气"一下子就变得滑稽起来。更重要的是，他们根本拍不到自己想要的画面，失去了街头摄影和战地摄影的意义。

其实，大量的二战纪录片是使用16mm 和 8mm 胶片来完成的，然后使用三镜头设计。只有使用这类足够小巧的电影机才可以适应运动的需要，灵活的拍摄可以得到更多的角度、更多的细节，这也正是纪录片的魅力所在。

AATON 是很多人梦想的品牌，但是个头有点大，没个好身体还真拍不动电影。

著名导演昆汀·塔伦蒂诺在使用电影机，他想要一个小个头的相机摄影机。

器材小型化是很多电影人的梦想。图为大导演亲自上阵使用 16mm 手持摄影机，拍摄《发条橙》的工作照。

电影摄影师在使用 Panavision 电影摄影机。

Panavision 电影摄影机和附件系统。

当然还有剧情片的拍摄，大型电影摄影机是需要很多人"伺候"它的，我们说的电影摄影师其实并不一定操作这些机器，他们很多人的真正身份是摄影指导，只需要设计画面，而实际的拍摄者被分为了很多确切的身份。他们每个人只负责一个项目，针对光圈、焦点、摇动或者平移，胶片时代甚至有专门更换胶片的助理，当然负责抬设备和扛三脚架的场工更是必须的了。所以当你看到很多好莱坞电影都在摄影棚中完成，你千万不要认为他们不想在实景中进行拍摄，只是实景拍摄的制片成本费用非常高，期间的时间和人工耗费就是在伺候这些大设备上。

电影的拍摄非常复杂烦琐，为了得到一个室内景的画面，这些大个头摄影机的任何一次安放都是个技术活。

配合大型电影摄影机使用的船形云台。

# 角 度

在大型电影机还在大行其道的时候，如果要得到一个低角度的画面，那么必须在地上挖一个坑，然后把那个"倒霉"的摄像师和摄影机一起"扔"到坑里去。同样还有车内的戏份，碰见对话这样的场面，或者车内打斗的场面就更加麻烦了。还记得希区柯克的电影或者法国喜剧大师路易·德·菲耐斯的电影吗？里面很多的车内场景拍得都很粗糙，他们在影棚中使用电影银幕作为街景画面，然后让场工摇动静止的汽车来模仿颠簸，再用黑棋阻止摄影机穿帮，或者干脆拆掉车窗玻璃来完成拍摄。总之，大设备很不方便。

现在的相机摄影机已经足够方便了，对于车内戏的拍摄根本不在话下。比如《舌尖上的中国》就大量使用相机摄影机拍摄，

你可以看见它们出现在水井、米缸、冰箱里，通过它们的小巧设计来完成食物主观视角或者特殊视角的拍摄。这些角度都是具有视觉新鲜感的，就是之前提到的所谓视觉的震撼，显然电视观众会很喜欢这样灵动的画面出现。

# 全能搭配

随着附件产品的不断发展，小型的稳定器、轨道、摇臂之类的设备层出不穷，这让相机摄影机的便携性优势大大发挥，一个人甚至就可以成为一个剧组，这种全

你能想象这样的设备可以拍摄电影级的画面吗？

相机摄影机和附件搭配，形成小型化拍摄设备。

其实我们想要的是这种小型化、高画质的拍摄设备，它更加便携，拍摄也更加灵活。

能摄影师在流媒体新闻领域已经屡见不鲜了。我身边有好多这样的朋友，他们的摄影包里，从相机摄影机、附件到音频设备一应俱全，而且这些东西足够轻便，一个人就可以负担这份重量。

这种全能性是一次巨大的革命，这如同在战争中提升了单兵作战的能力。使用这些器材不仅足以应付不同的环境，还可以通过相机摄影机的优势配合网络及时传输素材，从而完成各种拍摄的梦想。

这种革命化的改变完全符合新闻网络的思路。以后的摄像师会变为一个操控摄像头的人，无线的上载通过云存储方式来汇总视频素材，剪辑之后直接播放出来。这是全分享的概念，不过操作摄像头的前提是具备便携性。

## 多分享

画质其实只是借口，有没有人看才是重要的。或者，能不能快速发布出来才是重要的。网络的爆炸式演变，让视频必须跟上这个节奏。本身就已经因为制作流程烦琐而被人诟病，如果在分享上还如此麻烦，那么相机摄影机代表的新生代视频的能量就彻底泄气了。所以分享是不可避免的话题。

多分享的方式正是相机摄影机的长处，它们使用半导体材质作为存储方式，可以快速地进行导入采集，从而缩短了之前磁带式线性采集方式带来的时间障碍。而且主流的 AVCHD 格式保证了画质和容量的均衡，这种使用 H.264 为主要编码方式的格式，可以让前期的存储容量尽量精简，但是在后期解码的过程中却能释放出足够的数据量。我经常给朋友举压缩饼干的例子，数据压缩编码和解码释放的过程很像烹饪干货。为什么会出现干货？保鲜并减少体积便于运输是它的目的，在编码过程中也是基于这样的考虑。

相机摄影机在后期制作过程中的流程直接明确，编码的通用性可以让相机摄影机的素材在绝大多数的后期编辑软件中通用。存储码流适中，可以让数据无需高配置硬件就可以进行编辑，保证了编辑的效

数字时代的电影摄影机不断变小，索尼 F35 电影机已经比以往的产品小很多了。

率和制作成本。

这些素材剪辑的成片经过精细的处理，可以满足院线的使用和电视、网络的发布，当然让它们出现在移动终端上也是轻而易举的。多分享的格局让相机摄影机生命力十足，当下身边的任何一种视频播放设备都可以放出视频画面，你现在需要明确，它们绝大多数都是相机摄影机拍摄的。从应用的角度来讲，当下正是相机摄影机的盛世，所以接下来看看具体的器材和拍摄技巧讲解是非常有必要的。

摄像师和跟焦员配合，通过跟焦鞭的操作，可以机动灵活地拍摄多角度画面。

第三章

# 相机摄影机

# 一、佳能阵营

相机摄影机在经历了初创期之后，按照以往的规律，尼康已经亮剑尼康D90了，那么佳能需要迎战。这两个厂家通过默契的博弈推动着这个领域的发展。

## 最初的 EOS 5D Mark II

佳能 EOS 5D Mark II。

### "兔子"基因

我们往往喜欢在反义词练习中捕捉那些带有正能量的部分，喜欢高、大、上，喜欢看上去令人愉悦的多位数，当然数码影像领域也不例外。喜欢做数据分析的日本厂家已经摸透了大家的想法，所以1080显然比720更加吃香，这样我们的一代机皇就要出现了，它就是佳能 EOS 5D Mark II，很多人叫它"无敌兔"。

早期使用Mini35系统进行拍摄以达到小景深效果。

说"无敌兔"是一代机皇其实有点过了，但是它的诞生推进了一个行业，使业务级别的视频制作受到刺激而蓬勃发展。它的诞生同样也终结了一个影像分支，MINI 35 这种介乎 DV 和电影之间的方式就此结束了。而且基于"无敌兔"，佳能尝到了动态视频功能的甜头，在接下来的数码相机中大力弘扬了这种精神，在它们的身上全部加入视频拍摄功能。同时，佳能也凭借人性化的创新方式打造着操控感和易用性。佳能550D、650D、60D、70D等机型已经组成了单反高清视频的产品体系，你可以选择全画幅、APS-C，甚至 EOS M系列微单产品，这些机型都在强化视频拍

剧组在雨中使用佳能 EOS 5D Mark II 拍摄。

拍摄的核心——佳能 EOS 5D Mark II。

摄特性，甚至单独在机身上设置了一个视频录制的按键。

　　基于"无敌兔"的广受欢迎，佳能整合了光学和数字影像这两个研发团队，佳能的数字电影摄影机随之推出，它们称之为 Cinema EOS。相关内容会在之后阐述。

### 情绪泛滥

　　坦白说，"无敌兔"的口碑是毁誉参半的。相机的工业设计影响连续拍摄动态画面的稳定性，相机镜头的工业设计影响对焦和跟焦的连续性，相机的芯片计算方式和存储分区影响着连续记录的时间长度，相机感光元件的特性影响着扫描速率，相机以视觉为主体的设计特性，影响着机器的音频记录单元等。一时间大家都因为感光元件大而喜欢"无敌兔"，但是又需要在使用中克服足够多的问题，真是"一半海水一半火焰"。使用"无敌兔"在拍视频时带着一身不够靠谱的气质，但是它的画幅足够大，远远大于 S35 的电影画幅，对于画质和电影感画面的渴求，可以牺牲操控感。"无敌兔"的出现让我一直反思一个问题，什么样的设备才是适合消费者的？我从第一次摸到"无敌兔"时想到现在，依然没有定论，其实从怪诞行为学的角度分析，这就是个怪诞的行为，但是它不但发生了，还进

用于拍摄视频短片的 EOS 5D Mark II。

早期的相机摄影机佳能 EOS 5D Mark II 没有独立的 REC 录制键，可通过设置 SET 键来进行视频拍摄。

行得很好。

## 大画幅，相对概念

画幅的概念相当于一个人的名字，而相机或者摄像机的型号则是他的姓。如同 120 型相机，使用 120 型胶片，可以拍摄 6×6、6×7、6×9 尺寸的图片，那么后者可以视为姓：120；名：6×9。而且在特定的型号中进行对比更有意义，用 135 和 120 比，那 120 当然是大画幅了，但是这个"大"只是相对概念。其实用 135 相机的画幅标准和电影 35mm 的画幅标准做比较显然就有失公允，在此我表达以下观点：

1. 视频拍摄用不着那么大的画幅尺寸。

2. 这是个历史遗留问题，源自于相机和电影摄影机不同的过片、快门、操控方式。

3. 大尺寸感光元件的确好处多多，但并不是每一个像素在视频拍摄过程中都采样。

大尺寸感光元件。对于视频拍摄而言，这个尺寸有些太大了，而且并不是所有的像素都和视频拍摄有关系。

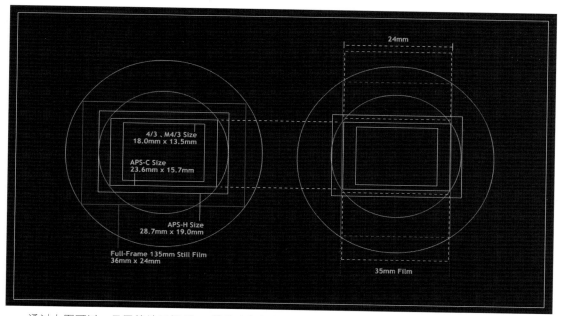

通过上图可以一目了然地了解 35mm 胶片在相机和摄影机中的不同应用方式。在摄影机中，虽然都使用 35mm 胶片尺寸，但是感光元件的面积是不同的。

4. 大尺寸感光元件的焦距转换系数小，更利于使用这类设备得到良好的广角端画面表现。

5. 有的时候为了这个所谓的"大"画幅增加预算并不划算。

### 影响行业

如果保有传统的思维方式，是无法想象在 135 型相机上加入视频功能的，当卡梅隆等导演推崇 65mm 或 70mm 电影胶片的同时，"无敌兔"确实拯救了视频创作行业。在人人都可以看电影的今天，依然不能做到人人都可以拍电影。而我更愿意把用"无敌兔"拍电影当作一种娱乐方式，只要放松心态，全力创作，那么这类产品一定会帮助到有需求的人，而且这五六年的时间中，很多影片的出现已经证明了这一点。如今国内出现大量微电影和网络栏目剧，这些剧组可以负担起制作成本的根源，就是使用了"无敌兔"之类的设备，其中也包括婚礼视频行业，从 2009 年开始，国内的婚庆发展形势喜人，发展数据一路飙升，直到现在"无敌兔"依然是很多婚礼工作室的标配器材。这就是在了解相机摄影机的器材历史中，佳能 EOS 5D Mark II 不能不被强调的原因。

## 实力和发展

下面会说到佳能 EOS 5D Mark III 和 EOS 70D。这两款设备是我手头使用的主力机型，它们代表着佳能阵营的实力和未来发展的方向。下文将通过这两个机型来简单说说佳能在相机摄影机方面的风格。

### EOS MOVIE 旗舰——经典的 EOS 5D Mark III

说到相机摄影机的经典或者 EOS MOVIE 的占有量之冠，佳能 EOS 5D Mark II 应该堪称这样的名号。或者从技术指标上来说，依然拥有相机之形的 4K 相机摄影机佳能

佳能 EOS 5D Mark III 是"无敌兔"的升级产品，视频拍摄能力得到了加强。

佳能 EOS 5D Mark III。

机身肩部设计了录制用的 REC 按键，但是 EOS 5D Mark III 把焦点放大键设在机身左部，这样就失去单手操控的可能，使用起来会略有麻烦。

相比"无敌兔"，佳能 EOS 5D Mark III 增加了多种记录尺寸和帧速率搭配。

佳能 EOS 5D Mark III 有多种对焦模式可供选择。

EOS 1DC 才堪称扛鼎之作。那为什么这里要说佳能 EOS 5D Mark III 呢？其实在高清摄像方面佳能 EOS 5D Mark III 还是胜过佳能 EOS 5D Mark II 的。虽然佳能 EOS 5D Mark II 已经很好了，很主流，而且实在好用。单就摄像方面我没有足够的理由去换佳能 EOS 5D Mark III。但是当我第一次用到佳能 EOS 5D Mark III 时，就感觉"无敌兔"已经有些老了，也就是说，最好不要拿它们比较，除了价格，其他所有的赞成票你都会投给 EOS 5D Mark III。

　　抛开摄影不谈，在视频拍摄方面最真实的提升，对于 EOS 5D Mark III 来说是视频画幅和帧速率的多样性。除了可以拍摄充分发挥全画幅 CMOS 图像感应器高画质、高感光度特性的 1920×1080 像素全高清视频外，还可拍摄高清和标清短片。针对各画质有多种帧速率组合，帧速率是表示 1 秒记录图像张数的单位，数值越高越能将高速运动的被摄体拍得流畅，还能够抑制高速摇摄时的图像变形。为了得到更好的运动效果，我尽量使用高帧速率的方式拍摄，并且几乎全部都是用逐行扫描方式，从传统的 1080i 默默地过渡到 1080P，从传统的 25 帧、30 帧变换到 720P 50 帧。如果你还在使用 N制 30 帧解决运动拖尾问题，那么 720P 50帧显然是一个更好的解决办法。你甚至可以继续使用 N 制，但是这次是 720P 60 帧的设置了。

佳能 EOS 5D Mark III 还升级了影像处理芯片，增加了压缩方式选项。短片压缩方式对应文件较小、方便使用的 IPB 和适合短片编辑的 ALL-I，可以根据编辑流程分别使用。这些参数从根本上解决了前一代产品的一些问题，虽然相机摄影机都使用 CMOS 感光元件，而这些感光元件的原罪之一就是果冻效应，但是高帧速率起码可以很好地起到抑制作用。

虽然在你看到本书时，佳能 EOS 5D Mark III 已经"风烛残年"，但是它毕竟延续了"无敌兔"的辉煌，推广 EOS MOVIE，比起那些看得起买不起的设备，我感觉这两款机器让人爱不释手。从市场占有率来说，"无敌兔"的量可能会更大一些，这源自于器材功能的强大和高清的主流需求，也源自后续产品发布后前产品的不断降价。

在我看来，各个画幅都有其相应的优势，我极为反对把全画幅强调得神话一般，这将严重影响视频制作的发展。很多视频用户都是从"无敌兔"开始接触视频的，相机摄影机带来优势的同时也带来了对传统摄像技艺的缺失，这对专业器材的使用会造成障碍。

佳能 EOS 5D Mark III 可以使用 CF 卡或 SD 卡来记录。

几乎和"无敌兔"同时发布的佳能 EOS 7D，它是一台使用 APS 画幅感光元件的相机摄影机。

使用佳能 EOS 5D Mark III 拍摄。

使用"无敌兔"即使不带附件也可以拍摄，而且在狭小空间中优势更加明显。

**Tips：初次使用相机摄影机的一般设置方式**

1. 首次使用相机摄影机时，一定要对设备的拍摄制式做设置。一般设置为 P 制，当你要拍摄运动较快的物体以得到更清晰的画面时，可以选择 N 制，得到更高的帧速率。

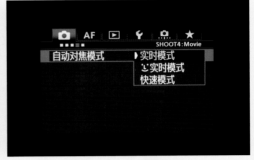

2. 根据拍摄类型来选择对焦模式，不过相机摄影机的对焦对于视频拍摄而言较慢，所以最好手动对焦。但对于佳能 70D 这样的设备则另当别论，在之后的内容中会讲到。

3. 上图中的这个功能，可以帮助我们更好地进行构图，很多人感觉辅助线会让显示屏繁杂混乱，那么你也可以关掉。

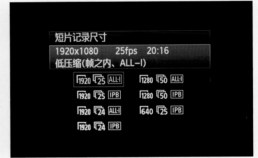

4. 现在的相机摄影机都有压缩选项，它和存储码流相关，建议大家使用 ALL-I 的低压缩方式以得到更好的画面质量。

5. 如果存储卡容量有限，或者认为高压缩也可以满足需要，那么可以使用高压缩的 IPB 方式。

## 跨界产品——佳能 EOS 70D

尽管佳能先后发布过 6D 和 60D，但是这些过渡产品都没有佳能 EOS 70D 更让人亮眼。EOS 70D 具有 Dual Pixel CMOS AF（全像素双核 CMOS AF）技术，可以更快更准确地实现对焦和跟焦。

先来解释一下全像素双核 CMOS AF 技术。当启用液晶监视器进行实时显示拍摄时，将带来 CMOS 高速相差检测自动对焦，可获得与使用取景器拍摄接近的对焦速度，并具有比取景器更宽广的对焦范围，从而使液晶监视器成为第二个"取景器"。以往相机摄影机的对焦是一件麻烦事，手动对焦已经成为摄像师不可回避的技术活儿。但是佳能 EOS 70D 的出现，仿佛使用户看到了一丝曙光，相机摄影机也应该可以像摄像机那样真正得到快速连续的焦点，这是拍摄的享受。

虽然感觉麻烦，但我还是想说说相机摄影机对焦的问题，这是相机摄影机操控感的原罪之一。在拍摄视频时，相机需要进行实时显示，相机的反光镜会升起，但这样就无法使用光学取景器拍摄时所用的相差检测自动对焦了。所以到目前为止，大多数数码相机在实时显示拍摄时都使用反差检测自动对焦，根据图像感应器成像的对比度检测合焦位置。相对于能够预测合焦时的镜片位置并驱动镜片的相差检测自动对焦，反差检测自动对焦是通过前后移动镜片来搜寻合焦位置的，因此自动对焦速度较慢。

反差对焦的速度要比相差对焦的速度慢很多，所以使用相机摄影机拍摄视频时，缓慢的对焦速度往往会让视频记录到对焦的过程，也就是那种虚虚实实变化的过程，这种画面和人工刻意的虚

佳能 EOS 6D 也是深受好评的 135 型全画幅相机摄影机。

跨界产品——佳能 EOS 70D。

加入 EOS MOVIE 概念之后，佳能在相机的细节设计上有了变化。

实操控并不一样，画面是不可用的。

影像技术是一个综合系统工程，要在保证画质和色彩还原的基础上来逐步校正操控感。在对焦问题上，我们可以将感光元件上的像素分为成像像素和对焦像素，为保证画质就不能大量使用对焦像素，但是对焦像素不足又会影响对焦效果。"全像素双核 CMOS AF"则从根源上解决了这个问题，这是一个很大的突破。

普通的图像感应器将微透镜分配到每个像素上，在它们的下方各有一个光电二极管，将光信号转变为电信号；但使用全像素双核 CMOS AF 的图像感应器，是将每个微透镜下的光电二极管都一分为二，这样一次同时可捕捉两个视差图像。全像素双核 CMOS AF 会利用来自这两个图像的信号完成相差检测自动对焦。更重要的是，汇集两个光电二极管的图像信号便可作为一个像素进行输出。由于一个像素就能兼备自动对焦和图像捕捉功能，所以这种结构可以应用到所有像素中。既保持了画质又增加了用于自动对焦的像素数，画质却几乎没有受到影响。

其实说到底我喜欢佳能 EOS 70D 就是这个原因，它已经成为我拍摄的主力机型。全画幅对视频拍摄而言并没有什么特别的欣喜，它会让使用者为了画幅大而多花钱，但这个画幅大给我们带来的好处并不是太多，也没有快速对焦、翻转屏、轻便小巧的机身给我们的帮助多，而这些特点在拍摄时会让很多事情事半功倍。

所以说对视频拍摄而言，APS-C 画幅就够用了，然后再用点新技术，价格别太高，那么这样的相机摄影机就是好设备了。

## *Tips*：佳能 EOS 70D 的连续对焦方式设置

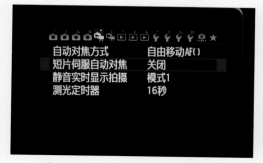

1.先打开短片伺服自动对焦功能，此功能的具体位置如图所示，佳能 EOS 70D 具备"全像素双核 CMOS AF"技术，可以加快相机摄影机实时取景的对焦速度。

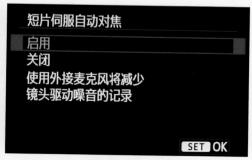

2.打开短片伺服自动对焦功能。

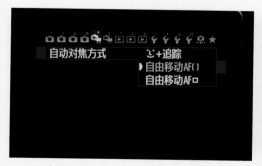

3.选择自动对焦方式。其中有人脸识别及自动追踪、自由移动自动对焦区，以及自由移动自动对焦点的选项。如果你要拍摄人物采访，那么人脸识别及自动追踪是首选；如果你要拍摄大面积移动或者区域变化的静物，那么你可以使用区域对焦方式；如果要做到更加精准，那么可以使用对焦点的方式来对焦。

4.实时显示拍摄时的自动对焦方式可以在触摸屏上使用快捷方式进行选择。

# 点 线 面 体 —— 佳能 EOS MOVIE 和 Cinema EOS 体系

到如今，当年势单力薄的佳能 EOS 5D Mark II 已经不再孤单了，因为佳能早已推出强大的 EOS MOVIE 和 Cinema 体系。

## 从点到面

过去人们总是说单反的高清视频拍摄功能，现在微单、单电都能视频拍摄了，相机摄影机的阵容越来越强大。下面开始描述佳能相机摄影机的体系。"无敌兔"发布数年之后又推出了 EOS 5D Mark III，以及一系列三位数的产品，如 EOS 500D/550D/600D/650D 等，以 50 为单位不断地更新；当然还有一些两位数的产品如 EOS 60D/70D 等以 10 为单位进行更新的产品。从此，佳能将这些相机上的视频拍摄功能称之为 EOS MOVIE。

EOS MOVIE 阵营中的器材从 135 型相机全画幅到 APS-C 画幅蔓延开来；存储卡有的使用 CF 卡，有的使用 SD 卡，有的两种都用；分辨率 1080i、1080P 和 720P 都有；帧速率有的 25 帧 /30 帧，有的 50 帧 /60 帧；压缩方式也分为 IPB 和 ALL-I。这些都是这个面上不同的点的差别。

我个人很喜欢佳能 650D 这样的设备，轻便小巧，有翻转屏，画质主流。

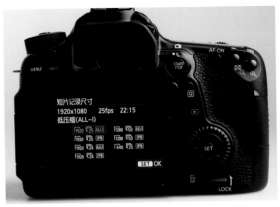

佳能 650D 有 25P 和 50P 的帧数可供选择，如果感觉还不能满足，则可以选择 N 制的 30P 和 60P。

然而万变不离其宗，看似不同的点的差异，其实都是可以
预见的变化。

## 体系形成

从 EOS MOVIE 开始，佳能把相机连接到了它的视频
摄像机腿脚之上，因为它有一个现成的摄像机部分正在等
待救援。佳能的摄像机在设计和编码存储上都非常精彩，
但是这些摄像机的问题是只有点而没有面。在视频摄像机
领域，这些面和体系都掌握在索尼手里。佳能两三年发布
的摄像机数量，可能只是索尼半年的数量，而且这些摄像
机往往都是雷同的，只在端口上形成差异，产品不能与时
俱进。这些老龄化的产品体系造成成本无法缩减，在价格
方面的竞争力也就逐渐疲软。于是佳能帅气的摄像机只能
说，我们有，但是你们不一定用。

佳能 C300。

视频成为佳能相机和摄像机的桥梁与纽带，让这两种
产品有了关联的可能性。你情我愿的事情显然非常好办，
EOS MOVIE 体系更加偏重专业视频，从而形成了 Cinema
EOS——一个电影工业产品的体系，比 EOS MOVIE 更加专
注于高端视频制作。随即它的第一代产品佳能 EOS C300
诞生了，这是一次数字电影机领域的开创，同样也是佳能
对于电影的回归。

佳能 C300 的机身设置按键。

佳能在胶片时代就和电影有密切的联系，现在终于重
新回来了。这款定义了 Cinema EOS 的产品具有摄像机的
特点，而且可以更换镜头，配置了 ND 滤镜和独立的音频
单元，机内可查看伽马曲线，对于视频拍摄需要的参数调
整和监看方式一应俱全。它还采用了全新的设计，定义在
高清标准之上，是一个漂亮的家伙。

同样采取点线面策略，佳能 C300 发布之后，这个点
开始延展，向上形成了 C500，这是一个 4K 标准的电影摄
影机；向下拓展出了 C100，这是一个在编码和端口上有所
简化的产品。显然 C500 更加高端，它是旗舰机型。然而
佳能 C100 的性价比被强调出来，它是一款适用于业务级

佳能 C300 背部设计，拥有丰
富的端口。

制作的设备，带有强烈的"无敌兔"基因，但是又纠正了很多"无敌兔"身上的顽疾，和下一代佳能 EOS 5D Mark III 对相关用户群进行了切割，强调摄影和摄像兼得的可以选择 EOS 5D Mark III，而通过"无敌兔"入门的再升级人群可以选择 C100。这种迂回包抄的方式，让手中因为"无敌兔"而满是佳能镜头的用户，在选择时稍有纠结后，就能得出明确的结论，所以直到现在它的占有率还在不断攀升中。

而 C300 和 C500 显然更侧重数字电影级的制作，从它们的端口上就可见端倪，这两款设备分别有两个版本的机型，一种版本兼容佳能 EF 卡口镜头，这是为佳能传统用户准备的。而另一种版本兼容 PL 卡口镜头，这种镜头

佳能 C100 可在机内进行 ND 滤镜切换。

佳能 EOS C100 使用 APS 画幅感光元件。

佳能 C100 机身按键，这些功能键不仅可以帮助摄像师快速进行拍摄时的参数设置，还可以针对不同按键进行自定义。

使用佳能 C100 摄像机。

是电影镜头中的主流，兼顾传统电影和数字电影，基本是一个为电影拍摄绑定的镜头类型，所以针对传统电影人也有相应的准备。

不但如此，在传统相机的工业设计基础上，佳能又做了 4K 的尝试。以佳能 EOS 1DX 为蓝本，4K 混搭出了佳能 EOS 1DC，可以在机内记录 4K 信号，这是比 C500 更加纯粹的 4K。佳能 C500 虽然可以拍摄 4K，但是并不能在机内记录，必须使用外置的硬盘来录制信号。由此佳能 EOS 1DC 完成了 Cinema EOS 和 EOS MOVIE 的交集，使两个体系之间有了实质的连接。

佳能 C300 使用佳能 EF 卡口镜头。

## 点线面体系

在这种从试水到"水势蔓延"的过程之中，其实并不是佳能有意这样打造着点线面体系的构架。只要在某种产品上有研发能力，市场又会买单，那么相应产品就会出现这种结构。它不但组织起一个强势阵营，而且给了消费者更多选择。这也困扰着所有人，但是没有令人完全满意的产品，差异化形成的性价比都是虚幻的，都是以牺牲某种功能换取的平衡。

佳能 EOS C300 搭载佳能电影镜头。

在明确知道无法占什么便宜的情况下，希望大家可以更好地利用手中设备的普通功能。在选购设备的时候，我们往往盯着数据和功能，但是在使用中就将这些抛掷脑后了。

我从"无敌兔"开始接触相机摄影机，后面一度陷在这个阵营之中，因为我已经

佳能 EOS 1DC 相机虽然是相机的外形，但是拥有 4K 的视频拍摄能力，是一个实力十足的跨界产品，也是 C 系列电影摄影机和相机摄影机在拍摄上的交集点，是一款旗舰级产品。

佳能 C300。

保有了大量的佳能镜头，而且在佳能阵营里它们的色彩标准和后期流程上都有共同性，我不用再次开发自己的存储、制作、输出流程，这些都是通过硬件和软件编码打造出来的网络，它们在内部支撑着这个点线面体系。

如果我们用一种虚幻的方式来看待手中的设备，它其实就是一个编码生成器，你通过它得到图片、视频或者音频的编码，然后通过后期解码打开。当设备被简化之后，它是虚无的数据，这些数据托付在人们的手中，出现在屏幕上，接受眼睛和大脑的反复洗礼。所以无论如何形容这个点线面体系，生产者和使用者才是最伟大的，也就是我们这些普通的影像收集者，应该为自己点一个赞。

## 特别采访 SPECIAL INTERVIEW

### 胡 勇

国内知名影视器材专家，"影像探索联盟"发起人，长期从事影视前后期全工作流程的实用技术培训。

**Q** 你是从使用传统摄像机开始影视拍摄的，你认为传统摄像机和相机摄影机有哪些本质不同？孰优孰劣？

**A：** 传统摄像机与相机拍视频还是有一定区别的。传统摄像机的主要功用就是摄像，即使有一些摄像机带有拍照功能，专业摄像师也很少去用它。

传统摄像机针对视频功能而设计，各种摄像的功能齐备，按键操作方便；配备变焦镜头使日常拍摄省时省力；配备专业音频卡侬接口，在拍摄时声音比较有保障。另外在长时间记录方面，传统摄像机在电池电量保证的前提下可以做到同时使用外接电源长时间供

使用索尼 FS700 摄像机。

电拍摄。

这几年数码相机都跨界融入了摄像功能，并且做得非常出色，因其使用的是较大尺寸的感光元件，故而可以拍摄出高质量的视频画面。单反相机还可以换镜头，给拍摄者的选择余地就非常大了。在可换镜头中许多都有大光圈，这样就可以拍摄好多小景深的画面，这是传统摄像机比较难做到的。在画质上单反相机有一定的优势，但在操作上因其外观和按键位置还是以相机的造型出现，这在视频拍摄时还是有许多不便。

作为视频拍摄的工具而言，目前传统摄像机与数码相机孰优孰劣？这个不好说，没有绝对的答案，机无完机，术业有专攻，我们还是要根据不同的拍摄对象来选择合适的拍摄设备。比如一些纪实类的影像或录像时间较长的项目，我们还是用传统摄像机拍摄会更方便一点。一些有足够的时间来调整器材及需要更多电影感画面的摄像项目，我们可以选择单反相机来拍摄。

**Q** 坦白说我很害怕很多朋友从相机摄影机开始学摄像，这使很多通用性准则在相机摄影机上被打破了，你怎么看待这件事?

*A:* 这点我也发现了，现在数码设备越来越普及，学习影像拍摄技术几乎没有器材上的门槛了，但艺术的基础是技术，就摄像专业技术的学习而言，利用相机的视频功能来学习摄像并不是一件好事。利用传统摄像机开始学摄像技术，可以更好地理解动态视频的拍摄原理，也有利于练习专业的摄像技能。

相机摄影机还是以一个相机的原理加入了视频拍摄功能而已，即便画质优良，那也是纯技术层面的东西，而在摄像技巧与摄像机操作方面有很大的不足。摄像与摄影有相通之处，但还是两个门类，对于想深入学习摄像的朋友不应以数码单反作为入门学习的工具。

当然对一些业余爱好者而言无所谓。想专业学习摄像的朋友及想成为专业动态视频摄影师的朋友在学习摄像时，还是要以摄像机为主进行练习，在完全掌握摄像机的操作及应用技巧后，再结合高清单反的应用，把一些摄像的理论运用其上，才能更好地驾驭高清单反在视频拍摄时的应用。另外，对于一些平面摄影师而言，有心向动态视频跨界时，你虽有很强的平面摄影知识，也会应用手中数码单反的摄像功能，但还是需要去学习一下传统摄像机的操作及视频方面的相关知识。即便你是一名很出色的平面摄影师，但转到视频拍摄时你就未必能成为一名出色的动态视频摄像师。

**Q** 从相机摄影机刚刚兴起时你就开始接触这种设备了，而且还使用"无敌兔"拍摄了一部技术呈现短片。你初次使用相机摄影机的时候有哪些兴奋点？为什么想到做这样一部影片？

**A：** 在国内我们当时的技术团队是最早吃高清单反拍视频的螃蟹，一开始在国内"无敌兔"这种机器在圈里完全是看不到的，专业人士不相信它拍的视频可以在专业影视领域中应用。我们得知"无敌兔"当时在美国已经兴起，一些专业的大牌摄影师也在使用，我们在网站看了一些拍摄的样片，相信这机器"行"，可以干专业的活。我们一直在频视技术应用推广的前沿，当时手上也有了"无敌兔"，就当即决定用它拍一个展示技术应用的短片，以证明"无敌兔"可以干专业的大活。

拍摄工作照。

在拍摄《巷陌》的过程中，整个拍摄团队全是一线的专业人员，拍摄器材除了相机用的是"无敌兔"外，其余都与拍电影的设备完全一致。在当时没有其他低成本的可换镜头及大感光元件摄影机时，"无敌兔"拍摄的画面效果是相当出色的，特别是弱光时的效果，当时的传统高清摄录机都比不了。

拍摄时尽量配合专业套件使用。

其实佳能在推出"无敌兔"时，也从未想过做出了一款这么强大的机器，影响了整个行业，带来了一次技术的革命，使影视制作行业产生了一个新的技术应用领域——"高清单反拍摄视频的用户层"。随着"无敌兔"的冲击，各器材生产商随后也大力地推出一些大尺寸感光元件及可换镜头的低成本器材来应对市场需求。

**Q** 从"无敌兔"一路走来，你还用到了哪些让你有惊喜的设备？

**A**：从 2009 年高清单反视频的应用流行至今，不少厂商都瞄准了可拍视频数码相机的市场，也推出了不少机器。就"无敌兔"而言也换代成了 5D3，说惊喜前几年还真没有，但今年松下推出的 GH4 及索尼公司推出的 A7s 倒是令人兴奋。虽说是相机的外型，但内部所有功能完全像一台摄像机，而且画质都相当出色，在一些空间狭窄的环境及一些光线不足的环境中拍摄都是十分出色的，当下也成为全行业的技术热点机器。

松下 GH4 配合转接环连接佳能镜头。

**Q** 如何看待相机摄影机的发展？你认为未来的发展会是怎样的？

**A：** 这几年传统摄像机的指标确实没有质的革命，但是相机视频功能的应用有了大的发展，各厂商也在努力推出相关的产品。相机作为视频拍摄的工具，这几年已深得人心，大量的应用及低成本高画质的特性在这行中还将持续，并且一直有新的相关产品推出，竞争也非常激烈。至于未来的发展谁也说不好，个人觉得在无带化的时代里数字摄影机还是会向小型化发展，现在很多开明的摄像师也接受认可了"部分小机器的性能胜过传统的一些大个头摄像机"。随着器材的发展，当应用方面的面子问题可以放下的时候，"大"个头的机型可能会退出摄像的历史舞台。

**Q** 有哪些使用相机摄影机的经验可以分享给大家吗？

**A：** 在用相机拍摄视频的经验里，这里只提两点：

一个是快门问题，在摄影领域里快门是可以随时配合光圈、ISO来调整控制曝光的，因其是瞬间的艺术，只记录一张照片。而在摄像领域里电子快门不是随时启用的，是在拍摄一些特定的拍摄对象时才开启应用。所以我们在用数码相机拍视频时，快门速度要以摄像机的应用方式来使用，没有特别的需求一般设在 1/50 秒或 1/60 秒，不要靠快门来控制亮照。这些知识就是我们说的要学习摄像机的应用及摄像技术才能了解，所以提到这个还是要说传统摄像知识很重要。

使用松下 GH4 转接佳能镜头，配合便携式轨道进行拍摄。

另一个就是色域问题（理解成色彩风格吧），因为相机的色域与广播电视领域的色域有些差别。当然也有人说我就是喜欢相机的色彩风格，当然这没有问题，但是要知道它们是有区别的。我们在拍摄视频的时候尽可能地把色彩风格在菜单中设成"中性"，或是根据经验刻意把视频的对比度和锐度降低一点，使拍出来的画面"发灰"一些，这样在后期制作及调色方面的空间会更大一点。

**Q** 你使用相机摄影机的后期流程是怎么处理的？

A：现在相机摄影机拍摄的视频在后期上与传统摄像机没有什么区别，各种后期软件都可以应用，主要包括苹果平台的 FCP、PC 平台的 EDIUS 及 Premiere，处理起来都非常方便。我主要是应用 PC 平台的 EDIUS 软件做剪辑，EDIUS 对现在一些新的格式及数码相机视频文件的编辑效率都很高，并且现在新版的 EDIUS 与专业调色软件达芬奇（Davinci Resolve Lite）也可以顺利对接了。整个后期流程还是很方便的。

## 丘锦荣（丘 SIR）

现任 DVworld 网站站长，自由作者，专业讲师。传播行业资历逾 20 年。

**Q** 如何看相机摄影机的视频拍摄方式? 它的优势和劣势是什么?

**A:** 相机摄影机的视频拍摄方式与传统摄像机的拍摄方式有很大的不同。相机摄影机的结构与光学上的特点，比较接近电影摄影机，所以厂商实际上界定得很清楚，相机摄影机属于 Cinema Camera（电影摄影机），我们一般用的是 Video Camera（视频摄影机）。

简单地说，相机摄影机的拍摄方式就跟电影机拍摄的作业方式很接近。因此，市面上出现很多相机摄影机配件如遮光斗、追焦器等，这些都是以往在片场才看得到的接口设备，现在几乎成了器材商的主力产品。反观视频摄影机，几乎不会用到这类配件。所以我常给一些业内朋友说，你要用相机摄影机来干活前，先把镜头的光学特性及焦段的特性搞懂，光圈快门的关系摸清楚，如果还搞不懂就回去用视频摄像机吧！

相机摄影机具有画幅大及镜头多样的优势，可以拍摄出一般摄像机无法表现出来的画面景深效果，如画面具有电影的视觉效果，画面更具有艺术感，有别于视频摄像机的写实。所以相机摄影机运用在

丘 SIR 在使用相机摄影机进行拍摄。

装了配件的相机摄影机。

小景深效果（丘 SIR 作品截图）。

企业宣传片、婚纱 MV 制作等，很能发挥其优势。

但相机摄影机在摄像方面还是存在一些问题的，毕竟还是一台相机的架构，在镜头的对焦上无法像摄像机自动对焦那样快速与准确，因此在拍摄纪录片时，相机摄影机就显得有点笨拙。所以相机摄影机的劣势就是视频摄像机的优势，两者虽然都有录像功能，但应用的取向是不同的。相机摄影机很难应付一般机动性的纪实录像工作，像新闻采访、EFP 转播作业、长时间录像等，这是目前相机摄影机还无法取代视频摄像机的功能特性。

**Q** 我们正好碰上这样的过渡时期，有很多摄像机的操控方式无法嫁接到相机摄影机上，你做过怎样的尝试？

**A：** 由于相机摄影机从 2009 年踏入视频应用领域后，造就了许许多多多周边器材的发展。因为相机摄影机毕竟是相机的构造，拍视频原本就不符合人体工学，所以相关的支架及肩架等套件应运而生，把相机搞得像"变形金刚"，架势十足。所以我也尝试过装上肩架，但是操控性还是不行，相机摄影机更适合定位拍摄，要移动的话，三轴陀螺仪稳定器比较合适。

去年我到北京 BIRTV 影视器材展上，到处找陀螺仪稳定器的产品，结果只有零星几支不成熟的试作品，令我大失所望。我曾经跟友人说，未来将是多轴飞行器及陀螺仪稳定器火红的开端，结果今年多轴飞行器的确成了影视制作市场上的新宠儿，而陀螺仪稳定器还在萌芽阶段，尽管国外已经是多家争鸣，但是价位还是居高不

丘 SIR 使用 iGO 二轴电控稳定器进行拍摄。

iGO 二轴电控稳定器。

下。我现在也在研发新的陀螺仪稳定器，为小型化器材服务。

我考虑用二轴陀螺仪稳定系统，以小型化、轻便化、单人操作、好收纳、平价化为设计重点，才能符合需求。二轴其实可以应付一般实况录像及微电影制作用户拍摄上的需求。其实二轴有二轴的优点，三轴有三轴的优点，当然两者都有它的缺点，只是使用者要懂得二轴或三轴的特性，二轴有它的使用技巧，不能太过于大角度运镜，它是稳定器，不像摇臂云台那样可以大角度俯仰。二轴的稳定性没话说，但超过角度极限的话，就会偏离维持水平的负载，造成马达震动或失控，这些情况都在测试中发现过。有一点我要保证，它绝对比你用传统的手持稳定器要更快地进入状态，不必苦练成金臂人。我发觉，用过手持稳定器的用户，很快就能上手，而且把这支二轴稳定器发挥得淋漓尽致。

**Q** 如何看待相机摄影机的发展？如何看待4K？在台湾，这些设备的应用情况有哪些特点？

**A：** 相机摄影机的发展，在厂商有利可图的情况下，只会更加蓬勃不会萎缩，因为相机摄影机是一个载体，带动镜头销售才是这些相机厂商所乐见的。除了佳能及尼康两大相机厂商之外，从电子产品跨足相机领域的松下与索尼，也在无反相机及镜头开发上急起直追，并将其在视频领域的技术，充分发挥在相机上，所以未来相机摄影机还是精彩可期的。

4K的发展趋势就像当年HD的发展，只是影像技术相比十年前更加成熟。还有一点就是4K更适于数字电影的制作，因此它不局限于在电视广播上的应用。在多媒体时代，影像的应用更广泛，这也使4K在发展的脚步上会比当年HD要快一些。

得到电影般丰富细致的画面表现（丘 SIR 作品截图）。

在台湾相机摄影机的摄像应用也十分普及，最常见的婚礼录像，大半市场都是相机摄影机的天下。还有中价位的广告片及 MV，而其中 8 成以上都是采用相机摄影机作为拍摄工具，甚至于一次用两台来拍摄，只有少数用 HDCAM 摄像机。从这样的状况中可以看出，相对于广播级器材，在预算上，相机摄影机可以说是占尽优势，就算多添购 2-3 支高挡红圈镜头，价格还是比广播级器材低了许多，这也难怪制作公司趋之若鹜，纷纷投向相机摄影机的怀抱。

**Q** 如何看待感光组件的尺寸、高感、高宽容度这些话题？您认为一款好的拍摄设备应该具有哪些素质？

**A：** 相机摄影机的感光组件其尺寸、高感、高宽容度等，当然大家都期待更大更高，这对于所谓"工作室等级"的人，的确有这样的需求。因为这可以省掉布光这些麻烦事，但是对于要求高的数字电影来说，不可这样认为，因为灯光效果对于电影拍摄是相当重要的，所以说没有完美的机子，只有最适合的机子。

**Q** 在拍摄中都用到哪些附件？有没有推荐的附件装备？

**A：** 目前最火的就是三轴陀螺仪稳定器，对于动态行进间的拍摄效果很棒，是值得推荐的装备。

低照度效果非常令人满意（丘 SIR 作品截图）。

# 二、尼康阵营

## 看似意外的革命
## ——尼康 D90 带来的星星之火

虽然很多人对于视频制作并不买单，但是我依然要说，视频制作技术和器材的发展，尤其是近几年来，呈现的是爆发式发展。相对摄影来说，视频是晚辈，但是其中从广度到深度的技术却是摄影无法比拟的。

视频是对摄影术的继承和创新，它让凝固的瞬间得到连贯呈现，符合人类对于视觉的基本要求：仿真。所以我们看到现在视频的主题基本是 3D 和 4K。当然很多人说，这些和我有什么关系？但是只要你承认电视机的占有量比相机的占有量大，那么这些数据就是和生活接触面更广泛的参数要求。

当然很多人还是不懂，为什么对于视频来说，这是最好的时代，同样也是最坏的时代？下面我就来把"双城记"的故事讲述出来。先来认识一款设备和它的故事。

2008 年 8 月 27 日，尼康公司在东京发布了一款 DX 格式的数码单镜反光相机 D90。它不仅是一款全新的相机，还开创了数码单镜反光相机娱乐与创意的新纪元。D90 大型影像传感器的卓越性能，使 D-Movie（数码短片）影像较之普通的便携式摄像机拍摄的短片具有更低的噪点，尤其是在低光照条件下。而且即时取景模式带有的脸部优先自动对焦，能拍摄出更加清晰的人物照片。

### 请将日历翻回 2008 年

2008 年，那是一个蓝天白云包围着奥运会气息的时空，尼康推出了一款名为 D90 的相机，它以一种不经意的态度在这款相机中添加了高清视频功能。要知道，这看似对摄影而言无足轻重的增值功能，却改变了之后的视频器材和视频技术的本源结构。

数码相机具备视频拍摄功能并不新鲜，但是在之前的产品中，往往都是以网络视频标准为主的规格，它的尺寸是 640×480。这个尺寸对于视频制作行业来说处于边缘，相当于标清 P 制的基本规格。要知道 2008 年是一个高清数据震天响的时代，而且中央电视台也以能用高清标准播出奥运会而骄傲。作为消费者，我们都在国美或者苏宁为买等离子还是液晶电视而苦恼，传统 CRT 电视机和 CRT

电脑显示器逐渐淘汰，周围逐渐传播起 1080i 概念，让大家摸不着视频未来的方向。

视频知识可以帮助我们挑选电视机和显示器，帮助我们选购摄像机和相机，还可以帮助我们看懂电影，并看清影像的未来。

再回到尼康 D90 的话题，这台相机从 2008 年一直持续销售了 5 年多的时间才淡出视线，但是并没有多少人知道它的高清视频功能如何了得，甚至很多人都说第一台有高清视频功能的相机是佳能 EOS 5D Mark II。对于尼康 D90 的不如意，要归结到视频标准上。

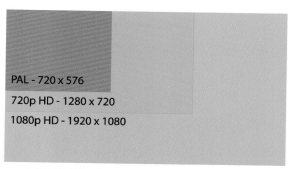

P 制视频的标清和高清格式示意图。

使用拍摄附件的尼康 D90。

## 数据限制

国际上针对高清视频的标准有两种规定，一种是 1080，即 1920×1080 的尺寸；一种是 720，即 1280×720 的尺寸。这两种标准都代表着高清（HD），但是大家更熟悉的是 1080 这个标准，因为在画幅选择上，大尺寸永远是我们消费者喜欢的。这种现象不胜枚举，比如像素数、感光元件大小、高感、变焦比等，这些大数据总是让我们在心态上看似占了便宜，实际上却过度消耗了热

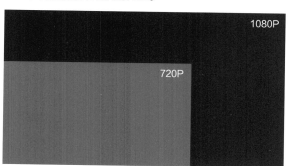

720P 和 1080P 尺寸对比图。

情和金钱，虚高的数据带来的就是高消费和低性价比。

在欧美和日本，高清视频标准多数选择 720P，这种标准优化存储数据量，可以让清晰度提升。因为在大环境上，显示设备已经发生了变化，老式的"大屁股"电视正在被等离子和液晶电视所取代，逐行方式更加适合新型显示设备的呈现需求。

尼康显然更加符合欧美和日本的视频要求，它所推出的 D-Movie 功能（单反相机高清视频拍摄功能）选择了720P 标准，而且选择了 30 帧 / 秒的帧速率。这是一个更加不接地气的标准，它属于 NTSC 制式，而我国选择的是 25帧 / 秒的 PAL 制式。

一秒钟闪过 24 幅静态画面就形成了动态的电影，这是利用视觉暂留原理进行的艺术探索。但是电视系统和电影系统并不一样，彼此间要建立起技术壁垒，这样才能划出区域，减少竞争，说到底是资本在背后作祟。

接下来是电视系统中的两个标准，一个是 25 帧 / 秒，一个是 29.97（约 30）帧 / 秒，前者被称为 PAL 制式，后者被称为 NTSC 制式。我国加入的是 P 制阵营，而日本和欧美则是 N 制阵营。

### 饥渴的视频制作者

世界范围内的视频制作者发现了 D90 的视频功能，这些拥有电影梦想的屌丝们，早就渴望一款这样的设备，感光元件大小像胶片尺寸那样，价格却便宜地像个相机，既可以模仿传统电影的视觉感受，又可以用低成本来完成电影。

尽管电影是一个奢侈品，却很吸引人，电影的造价太高，而且当时的 DV 实在不给力，这源于摄像机的设计，视频制作设备的感光元件要远远小于相机的感光元件。感光元件太小，直接影响着相场的尺寸，所以类似小景深的效果很难得到。比如电视界面的采访，为了得到虚化背景

Mini35 可以转接顶级电影镜头。

Mini35 时代虽然短暂，却是一个重要的技术积累期。

的人物访谈画面，需要将机位架设得尽可能远一些，用长焦的方式来虚化。

当时世界上的高端视频制作者正在经历一个介乎 DV 和电影之间的创作技术过渡期，这个创作方式叫作 Mini35。很多人通过在 DV 镜头前倒接一支相机镜头的方式来得到小景深，而且还有很多厂家在生产这样的附件设备。现在国内很多知名的影视器材附件厂商，就是在那时介入技术和器材革新的。不过尼康 D90 的出现很快终结了 Mini35 的发展，虽然尼康 D90 使用 APS-C 画幅的感光元件，但是这个尺寸依旧要比传统摄像机的感光元件大许多，这简直就是福音。要知道，价格便宜量又足，是普通消费者的最爱。作为其中的一分子，我现在依然记得那一份激动，虽然当时也没能最先使用到这款设备，但是只要在网上看看 D90 的视频就感觉很满足，这是电影梦想不再遥远的信号。

尼康 D90 开启了一个时代，这场看似意外的革命，最终让视频创作者得到

Mini35 套件让摄像机变得很酷，但最终目的是为了解决用 DV 拍摄电影的问题。

尼康 D90 和早期的拍摄附件，这些附件都是劳动人民智慧的结晶，粗糙但是能用。

了实惠，也改变了传统摄像机的工业设计和应用方式，以至于相关的知识和讯息快速蔓延开来。在这个行业中，面对传统电影技术几十年不变的局面，这种革命带来的剧变正在影响着现在的视频行业，只要你看电影、电视、网上视频，那么你就会被裹挟其中，谁也逃不掉。

## 从冷漠到热烈——尼康产品的视频化

总感觉尼康在视频上慢了一个节拍，它的确把很多精力放在摄影方面，所以对于视频这种增量就推广得比较轻

微了。但是尼康为什么第一个把高清视频功能加入到单反相机之中呢？这就是缘分吧。

## 尼康 D4S——巨无霸外表，轻浮视频心

我借用过朋友的尼康 D4S，想看看在这种旗舰级的机器上，尼康的视频性能究竟怎么样？老实说，从画质上来看，我感觉它很出色，但是操控性我却不敢恭维。也许是我习惯了使用佳能的设备，尼康在很多细节的设置方式上，你可以感觉到，设计者并没有考虑到视频拍摄者的感受。

尼康 D4S 是一个大块头，但是它的大其实和视频拍摄没有什么关系，而且在视频方面的设置也不够丰富，不过这台设备具备 1080P 60fps 的高画质再配合高帧速率，效果可想而知是不会差的。

尼康 D4S。

不过对于曝光设置来说，略显别扭，比如在调整感光度时，尼康 D4S 要按住 ISO 键，然后旋转前拨轮打开 AUTO ISO，或者旋转后拨轮来切换具体感光数值。在此，我还要说一下佳能的特点。

其实佳能 EOS 5D Mark II 要比 EOS 5D Mark III 在视频操作上更方便一些。在"无敌兔"上焦点放大键设在右肩部，变换成 REC 的 SET 键也在右部，这就使它操控起来很方便，只要使用右手就可以快速进行设置和拍摄，左手可以保证机身尽量稳定。

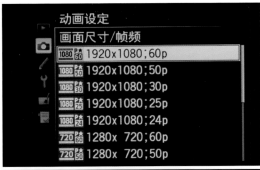

尼康 D4S 有丰富的画幅尺寸和帧速率设置。

而在佳能 EOS 5D Mark III 上，放大键设在液晶屏的左侧，REC 键设在右部，这样你无法用大拇指来完成操控，感觉有点不舒服。

言归正传，接着说尼康。尼康 D4S 可以使用 XQD 卡，这也是索尼和尼康在高端

尼康 D4S 的感光度设置。

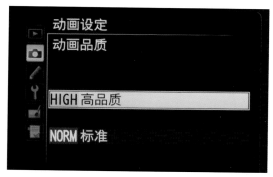

尼康 D4S 在视频品质上有高品质和普通画质选项。

尼康 D4S 动画品质选项。

尼康 D4S 机身肩部设计了视频 REC 键。

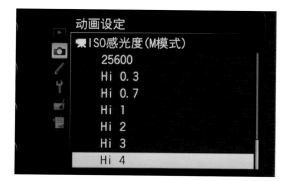

尼康 D4S 不需要用到最高感光度延伸功能，
ISO25600 已经很厉害了。

尼康 D4S 丰富的端口设置。

视频设备上都使用的存储卡。2011 年 12 月 8 日，CF 卡协会（Compact Flash Association）公布了新开发的 XQD 存储卡格式。XQD 其实是用来取代 CF 规格的产品，尽管之后很长一段时间内，XQD 都难以完全取代 CF，但不难看出 XQD 是针对 CF 的各种缺点而设计的。XQD 在大环境

尼康 D4S 可以使用 CF 卡和 XQD 卡进行存储。

XQD 卡。

中配合 USB3.0 接口，它的技术规范可能符合目前 PCI 的 Express 2.5Gbps（将来达到 5Gbps），实际写入速度超过 125MB/s，卡片体积约为现有 CF 卡的一半左右，比 SD 卡略大。

### 尼康 D810——向着视频起航

尼康 D810 的出现改变了什么，究竟是什么呢？它已经开始有了视频拍摄细节设置，而且保持着尼康以往的高锐度画质效果，我们依然可以使用 1080P 60fps 来进行拍摄，它的视频为 MOV 格式。在感光度的设置上，它也有了较大的提升。

尼康 D810 搭载了 EXPEED 4 图像处理芯片。它的 3600 万像素的 CMOS 与新的 EXPEED 4 图像处理器的结合，可以实现 ISO64–12800 的标准感光度。其中，基础感光度设置为 ISO64，是尼康数码单反相机中绝无仅有的。大多数相机的基础感光度是 ISO100 或者 ISO200，通常提供 1EV 的向下扩展空间，即基础感光度为 ISO100 的相机往往能够扩展到 ISO50。但是，向下扩展感光度通常会伴随着动态范围的大幅下降。对于 D810 而言，ISO64 为基础感光度，其动态范围获得最大化，理论上来说，由于基

尼康 D810。

尼康 D810 和外置 MIC。

尼康 D810 潜水拍摄附件。

尼康 D810 机身按键。

础感光度的降低，D810 应该能够获得更精细的画质。同时，D810 可以在 ISO64 的基础上继续向下将感光度扩展到 ISO32,向上扩展到 ISO51200,提供了广泛的拍摄适应性。这些数字对于摄影可能更加有用，至于宽范围感光度带来的好处确实大家都喜欢，越宽越好。

另外，尼康 D810 的视频功能也获得了增强，如改进了录像中的曝光操控等，在拍摄时也配置了斑马纹功能，可以实时显示高光溢出部分。

## 视频拍摄自动 ISO 设置

尼康 D810 的视频拍摄功能中，新增了 M 挡手动曝光时的自动 ISO 功能，使拍摄者可以在固定光圈、快门的情况下,通过自动调整 ISO 来保证不同亮度环境下的稳定曝光。

拍摄视频对参数的要求很高，因为是连续记录，参数的变化将直接改变画面的效果。相比光圈、快门这类物理参数，ISO 是通过电子控制的，固定光圈、快门，仅通过 ISO 来调节曝光，可以尽量减小画面的曝光波动。

尼康 D810 的视频自动 ISO 功能需要进入菜单中的视频设定页面里设置，并非在拍照模式下通过拨轮调整自动 ISO，且自动 ISO 功能只在 M 挡手动曝光模式下才能使用。在其他半自动曝光的挡位下拍摄视频 ISO 默认为自动，不同曝光量的场景是通过调整 ISO 与快门速度共同作用的，与尼康 D810 新增的视频自动 ISO 功能有所不同。即使是轻微的移动画面，相机的 ISO 都会随时调整，以保证画面亮度稳定。

从较亮的场景切换至较暗的场景使用自动 ISO 功能，ISO 值是不断变化的，但是画面一直保持相同的亮度，并没有出现画面亮度骤变。在拍摄较暗场景时，ISO 值较高，但画面质量并没有因为 ISO 值升高而出现噪点，尼康 D810 对于低照度噪点的抑制是非常到位的。

尼康 D810 和拍摄附件。

尼康 D810 可以使用 SD 卡和 CF 卡进行存储。

### 电动光圈

无级电动光圈是专业摄像机的功能，也是单反视频拍摄者梦寐以求的配置，它使得用单反拍摄视频的时候，光圈不再分挡位，而可以顺滑地实现无级光圈调整。配合 M 挡手动曝光，可以用作视频拍摄中的曝光量控制或菜单景深控制。

电动光圈并未设在动画设定菜单内，而是设在动画设置快捷键的菜单里，电动光圈的调整也是通过机身正面的两个快捷键完成的。

设定的时候可以按 "？" 键查看一下如何使用，也可以设置为按 "Fn" 键开大光圈，按"景深预览"键缩小光圈。整个操作过程都是电动控制，可以看到光圈是实时变化而没有分级的。因此，使用电动光圈拍摄视频，画面的曝光以及景深变化是很平顺且没有波动的。

通常情况下，拍摄视频素材会选择固定光圈，所以用单反相机拍视频尽管在功能上不及专业摄像机，但像尼康D810这样加入电动光圈后，一些特别的效果也可以实现了。通过电动光圈来调整视频亮度，平顺的明暗变化很适合作视频转场使用。

开启视频自动 ISO 后，使用电子光圈功能，可以使背景的虚化效果平顺地发生改变。当然，在光圈变化速度快的时候，仅靠自动 ISO 功能来保持曝光量，画面会发生曝光波动，且设置最高 ISO 后，在小光圈下拍摄时超过设置的 ISO 上限后，同样会有亮度减弱。

## 斑马纹

斑马纹是视频拍摄中的一个选项，它可以提示画面亮部中曝光过度的区域，以此来辅助控制曝光，让更多的细节得以保留。尼康 D810 具备这项功能，现在很多重视相机摄影机开发的厂家，都将这个功能加到了相机上。

开启该功能后，尼康 D810 在视频拍摄模式下，画面中的曝光过度区域会显示斑马纹，且显示精度较高，细小区域的曝光过度都可以显示出来。使用者可以通过调整光圈、快门速度或者调整曝光补偿来降低曝光量，使得画面

尼康 D810 机身、镜头和录像附件。

中的斑马纹提示逐渐减少。

尼康 D810 发布的意义不亚于当年的尼康 D90，它让使用者重新重视尼康相机在视频创作领域的作为。在很多细节上尼康 D810 都向视频倾斜，这种细微的变化是一种观念的转变。希望有更多的人使用尼康 D810 来进行视频拍摄，毕竟促进竞争是一件好事。

**Tips**：尼康 D810 的摄像功能设置

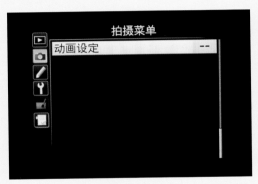

1.尼康 D810 动画设定菜单界面，可通过它来打开视频设置界面。

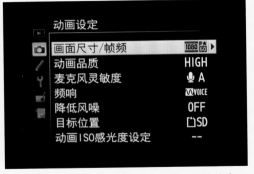

2.打开后可以看到关于画面尺寸、帧速率、画质和音频采样等选项。

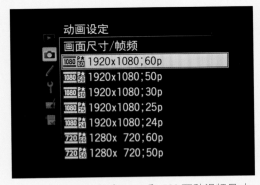

3.尼康 D810 拥有 1080 和 720 两种视频尺寸，帧速率可以选择 60P、50P、30P、25P、24P。

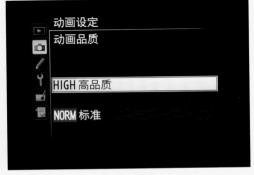

4.对画面质量进行选择。

5. 在实时取景界面中可以监看画面和音频电平值，并且拍摄参数信息也呈现得非常完善。

6. 可以使用快速设置方式来进行选择。

7. 选择存储盘位置。

8. 拍摄辅助功能设置。

9. 耳机音量调整。

# 三、松下阵营

## "二次曝光"

　　说到松下相机摄影机，总是有一种"二次曝光"的感觉，对我来说松下的形式感要大过实质。接下来会重点讲松下 GH4，但是为什么重点讲 4 ？那是因为从 1 到 3，松下压根就没有在中国销售。

### 先来说说 GH1

　　平心而论，松下 GH1 真是一台好机器！抛开别的不说，当时用户都为"无敌兔"的录音效果感到头疼，但是松下 GH1 已经自带机顶立体声麦克风。虽然它是一款 4/3 系统的相机，但是使用了两种视频压缩方式，在 AVCHD 格式下可以拍摄 1080 和 720 的视频，在 MotionJPEG 格式下可以拍摄 720P 30 帧的视频。当时我还没用过 MotionJPEG 格式，但已经感觉到了这台机器的潜能。

　　松下 GH1 打破了我最初对相机摄影机的认知，我想相机摄影机首先应该是单反，然后是大块头，但是这两样都被 GH1 打破了。再就是视频画面锐度的提升，GH1 带来令我非常惊喜的画面感受。"无敌兔"的大画幅产生了优异的高清画面，可它并不精细。"无敌兔"的视频画面色彩偏红黄，尤其是在亮度溢出的时候。但松下 GH1 的视频画面是纯净的白色，色彩更加真实，这有点像使用 JVC 摄像机的感受，而非使用松下摄像机的感受。很多人不喜欢这样的画质，因为虽然它清晰但是并没有讨好眼睛的感觉。

　　欧美的视频制作市场中使用松下 GH1

松下 GH1。

使用附件的松下 GH1。

松下 GH2 机身上已经有了 REC 按键。

松下 GH3 REC 录制键发生了移动，能进行更便捷的操作。

拍摄的人很多，它比摄像机更加轻便而且有翻转屏，这给使用者带来了极大的便利。这款设备发布不久，固件就被破解了，新的固件可以大大提升视频的画质，使其足以媲美几万元的专业摄像机，因此这成为很多用户选择它的理由。

对于松下 GH1 的镜头，松下 14–140mm 是一个不错的选择，对焦速度稳定，还可以静音对焦，但速度在这个阶段依然无法做到摄像机那样快。松下镜头普遍细小，对焦环无阻尼和止点，这对于手动对焦来说手感全无，要用好也只能苦练"内功"了。

## 航拍好帮手

松下 GH2 是 GH1 的升级产品，也是一款不错的视频设备，它已经可以进行 1080i 60 帧的视频拍摄了，也更好地解决了运动拍摄的问题。同时它也可以进行机内升格拍摄，即用 Variable Movie 模式通过改变拍摄帧率（80 / 160 / 200 / 300fps）来升格视频影像，从而得到画质水平较高的慢动作画面。

松下 GH3 的视频尺寸和帧速率可达到 1920 × 1080（ 60 / 50 / 30 / 25 / 24fps ）和 1280 × 720（ 60 / 50 / 30 / 25fps ），"录

制质量"可以选择不同的画质。而且松下 GH3 有多种视频录制格式可供选择，包括 AVCHD（最适于 HDTV）、MP4（最适于电脑上观看）和 MOV（最适于高画质视频制作编辑），这要比以往只能选择单一格式的相机摄影机又先进了一步。

虽然竞争激烈，不过正好此时出现了航拍方式的变革，大疆这样的无人机品牌逐渐知名起来。航拍逐渐融入普通工作室的拍摄业务之中，这倒成为松下 GH 系列产品的发展契机。

航拍绝对是一个技术活儿，在六旋翼或者八旋翼无人机上悬挂拍摄设备本身就是一个挑战，而且为了保证操控性和续航能力，拍摄设备必须轻便小巧。所以对于小型机而言，Go Pro 这类设备就成了主流；针对中大型设备，能够很好配合云台工作的设备就非松下 GH3 莫属了。

正是这种既新鲜又有趣的航拍方式在技术和价格上被普通用户接受之后，促进了松下 GH 系列相机摄影机在内地的发展，不过它的占有量依然很小，以至于到现在，我们谈起它依然有很多人听说过却没见过。

## 镜头限制

坦白说，镜头问题是松下 GH 系列的短板之一，这种劣势一直延续到松下可更换镜头的摄像机上，比如松下 AF103 和 AF103A 摄像机，没有一款合适的松下镜头。松下把镜头做成了一个系列，但都不是为视频拍摄而设计的。

松下镜头很细小，从设计上来说应该是给松下 GF 系列相机设计的，这些相机轻巧方便，配合小型镜头是理所当然的。很多人把 GF 系列视作 Gilr Friend 系列。

如同前文所说，针对 GH1 时代使用的镜头一直到 GH4 时代也没有得到太多改进，只有通过转接环以得到第三方镜头的手感

松下 GH 相机标准工业设计。

来填补这一缺憾。而且这类松下镜头做得太轻太单薄了，生怕用点力气就把它们弄坏了。

　　好在有一些副厂镜头可以使用，而且画质很好，在之后的章节中会介绍这些镜头，如蔡司和福伦达都有针对4/3卡口的产品。如果感觉太贵的话，转接也是一个好方式，GH系列相机摄影机的法兰距足够短，这样就提供了转接镜头的可能，这是一点不错的提升空间。

## 无反相机

　　DSLR 是 Digital Single Lens Reflex 的缩写，翻译过来就是：数码单镜反光相机。它的意味在于数字方式、单镜头取景和拍摄，且拥有反光镜设计。而 DSLW 是 Digital Single Lens Mirrorless 的缩写，翻译过来就是：数码单镜头无反光镜相机，它的意味在于数字方式、单镜头取景和拍摄，但是没有反光镜。我们统称这样的相机为无反相机。其实微单和单电相机都应归在这类产品之中。

　　去掉反光镜的设计对于相机而言，相当于摄像机使用半导体材质之后去掉了带仓和磁鼓，这都是跨时代的飞跃。越来越好的感光元件制造技术让电子断流快门的技术得到了升级，而且使用的空间越来越大。虽然会出现果冻效应之类的一些弊端，但是既要把拍摄设备做小，又要提高画质和色彩还原能力，保证操控感，这绝对是一个行业难题。好在近几年每一次器材发布，都可以看到各个厂家在向既定目标努力，而逐渐兴起的拍摄风潮也正在证明这一点。

　　说到无反相机，它应该代表了相机摄影机发展的正确方向，抛弃35mm感光元件，回归S35mm，然后去掉和视频无关的反光镜设计，在感光元件上添加足够的对焦像素，在芯片压缩上使用全新的编码方式和曲线方式，最后添加必要的端口，这样就可以满足使用相机摄影机的真正需求了。其本质就是一台佳能70D的CMOS技术，加上松下GH4的设计和索尼A7S的编码及曲线设置的综合体，虽然这种想法有点理想化，但是不同厂家相互间会自觉取长补短。

# 4K 的酝酿
## ——松下 GH4 的发力

到了松下 GH4 的时代，视频制作技术已经发生了天翻地覆的改变，几年的光景，大家已经开始谈论视频制作全流程中的细节问题了。这其实正是视频行业的进步，全流程思想和全流程解决方案，在高清制作领域对于小工作室来说还可以回避不谈，但是到了 4K 时代，则是必须直面的问题了。那么松下 GH4 的威力蕴藏在哪些方面呢？

### 4K 的初衷

2014 年是一个具有现实意义的 4K 年。面对 4K 的时代，松下 AG–GH4 的发布选了一个合适的时机，但是坦白说对于中国大陆市场，却并不这样，因为没有用户的累积。虽然操控性并没有隔阂，但是针对 MFT 镜头的储备这些细节，其实很难为大陆用户。不过这样也好，抛开 HD 的旧账，GH4 属于重打鼓另开张。

那么 4K 的初衷是什么呢？如果 4K 就是价格高，代表高大上，那么 4K 就是一个镜中之花。这种 4K 宁可不要，因为它狭隘且等级森严。4K 应该是一场全民的视觉革命，既然是革命就要烧到每一个细节，彻底让传统的观看方式发生变化，这样 4K 带来的大视野和真色彩才可以笼罩人间，人类才会为这个技术鼓掌欢呼。所以松下 GH4 代表的就是这样的全民 4K 理念。

### 全面的 4K

松下 GH4 是一款完全符合 4K 标准的拍摄设备，无论是电影 4K 标准 4096×2160，还是 UHD 标准 3840×2160 的画幅标准，松下 GH4 都可以拍摄。这比一般的业务级 4K 摄像机都要强悍，达到了真正的 K 级标准，也意味着 GH4 是一款可以拍摄 4K 电影的设备。

先来看一下 4096 和 3840 这两个不同标准之间的区别，

松下 GH4 外接闪光灯。

松下 GH4 机身加底座。套装型号为松下 GH4U。

松下 GH4 的底座 YAGH。

松下 GH4 背部按键布局。

YAGH 提供音频接口和 SDI 接口，拓展了声音录制和 4K 拍摄能力。

这其实就是电影和电视系统的区别。如果没有拍摄电影的前提，那么 3840 的标准就足够用了，而且可以节省大量的成本。电影系统和电视系统是人为设置的系统技术壁垒，其目的是为了减少竞争，可以更好地形成相对的垄断。但如果我们真要拍摄 4K 电影，有一大把设备可以选择，即使使用 GH4 来拍摄 4K 电影，那么也会采用资金先行的运作方式。对于 3840 的 UHD（超高清）标准，我们可以使用很多民用级的附件来完成全流程，比如显示器和显示端设备，这些都是大量减少成本的环节。

**Tips**：松下 GH4 在 24P 下的 4K 设置

1. 选择系统频率为 24Hz，然后再选择录像格式。

2. 在这个帧速率下，可以选择的视频录制格式有 MOV 和 MP4（LPCM）。我们先选择 MOV 看看。

3. 在使用底座附件 YAGH 的前提下，可以选择 C4K 模式，得到 4096×2160 的 4K 规格视频，并且可以得到 100Mbps 的码流和 LPCM 的音频编码。

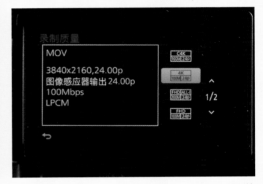

4. 还可以选择 4K 模式，得到 3840×2160 的 UHD 规格视频。K 是一个电影概念，而 3840 约等于 4K，但它是一个超高清概念，属于电视系统标准。

5. 对于高清的拍摄更是不在话下，这里可以得到 200Mbps 的码流。

6. 在高清拍摄模式下可以进行可变帧频的拍摄，也就是升降格拍摄。

7. 还可以拍摄 50Mbps 码流的高清素材，其实 50Mbps 已经在摄像机上算高码流了。

8. 下面再来看看 MP4（LPCM）的设置内容。其实 MOV 和 MP4 这两个选项都可以得到高质量的画面。

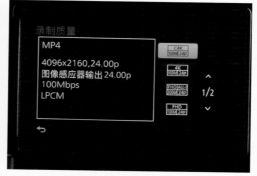

9. 刚做了选择就被吓到了，相机摄影机提示需要使用高性能电脑。

10. 可以拍摄 C4K，得到 4096 的 4K 画面。

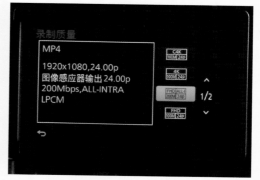

11. 在 3840×2160 规格下，可实现 100Mbps 码流和 LPCM 音频编码。

12. 在 1920×1080 规格下，可实现 200Mbps 码流和 LPCM 音频编码。

13. 在 1920×1080 规格下，还可实现 100Mbps 码流和 LPCM 音频编码，并进行可变帧速率的拍摄。

14. 1920×1080 规格下，还可实现 50Mbps 码流和 LPCM 音频编码。

## 机内 4K

机内记录 4K 信号，对于其他 4K 摄像机或相机摄影机而言是一件很酷的事情。虽然只能记录 UHD 规格的信号，但是这对于松下 GH4 和业务级制作方式来说已经足够了。相比要连接录机，无数线缆围绕着摄像机的感受，这简直太爽了。就这么简单地使用 SD 卡把 UHD 信号采集下来了，想一想都让人动心。

## 使用录机

作为一台相机摄影机的松下 GH4，如果加上了底座，那么它就成为一台叫作松下 AG-GH4UMC 的 4K 相机摄影机了。

这个 YAGH 底座配置了 2 个 XLR 端口和 5 个 BNC 接口，还有一个 4 针的电源口。其中 XLR 端口用于音频采集，BNC 接口有 4 个用于 SDI 信号，1 个用于 TC 信号，拥有 TC（time code）时码输出功能，同时还支持标准 HDMI 输出。这是一种最为常见和具有性价比优势的 4K 录制方式，可使用画面拼接的方式完成 4K 画面。

松下 GH4 机身加底座 YAGH 单元，使用 4 针电源适配器进行供电。

底座前端可以使用 HDMI 端口进行输出。

我们可以把每一路 SDI 信号想成 1K 画面，它们可以在监视器和录机上进行自动拼合。如果单独采集一路画面，我们只能得到 1/4 的画面，这 4 个画面分别是左上、右上、左下、右下，单独采集就是其中之一，是整体画面的局部。

如果不用录机自动拼合，那么在后期也可以使用软件来拼合，但是这很麻烦。而且把信号分送给两个录机，也是一种烦琐的方式。当然也可以选用具有 4 路 SDI 信号输入的录机，现在市面上具有 4 路 SDI 输入的录机并不多，很多录机只有两路输入，所以我用松下 GH4 进行 4K 拍摄时，最初使用的流程方式选择了 AJA KiPro Quad，这是一个小型化多接口的录机产品，正好可以满足松下 AG-GH4UMC 的使用需要。

可以这样说，从 GH4 接驳到底座时，它已经成为摄像机，而它确实拥有超强的 4K 基因。如果你认为它还是相机，那么也许你要重新定义你的需求，毕竟我们是冲着 4K 去买的。

**Tips**：接口单元设置

1. 打开接口单元设置功能选项。

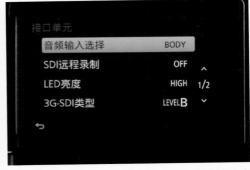

2. 这个选项中，针对音频和 SDI 的设置最为重要。

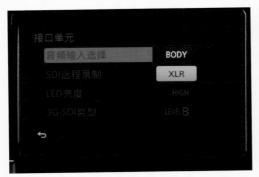

3. 音频输入选择 BODY，即选择相机摄影机自身的 MIC 采集音频信号；如果使用底座，我们就需要选择 XLR，即用底座的卡侬接口来完成声音采集。

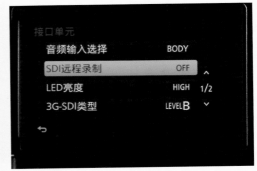

4. 打开 SDI 远程录制功能。

5. 选择打开即可。

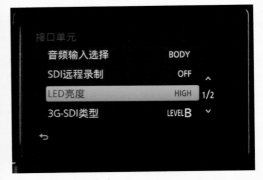

6. 设置 LED 亮度。

7.设置 LED 亮度，是控制机身音频电平表 LED 的选项。

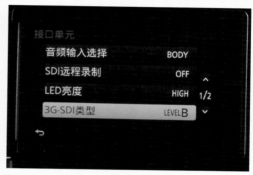

8.松下 GH4U 的底座使用 4 根 SDI 线进行输出，这里选择 3G-SDI 的分组。

9.设定其中一项即可。

## 体积问题

松下 GH4 已经足够小巧了，相信很多人都有这个感受。但是底座和录机的使用，包括使用底座所需要的供电系统，都让主体设备在附件设备的围绕下形成了一个庞大的设备。

庞大的设备只有外行才喜欢，因为那看上去足够"专业"。庞大的设备带来的是繁杂的操控、纷乱的连接，造成不顺手，

松下 GH4 很轻便，但是底座无疑增大了器材的重量和体积。

容易出错。另一方面是对于摄像师的考验，如此大的体积和重量，对他们的体力有很高的要求。

**基本配置**

接下来从相机内部来了解一下松下 GH4。它搭载 1605 万有效像素的 M4/3 系统影像传感器，采用了全新的半导体技术以实现更好的噪点控制和动态范围；采用了四核影像处理器和全新的维纳斯引擎，感光度范围最高可达 ISO25600。

松下 GH4 可实现最快 0.07 秒的对焦速度，拥有 49 个对焦点，最高支持 12 张 / 秒的连拍速度（连续对焦模式下可达到 7.5 张 / 秒）。松下 GH4 是首款带有 4K 视频功能的无反相机，支持 All-I 或 IPB 压缩和 10 位 4：2：2 时间码。

松下 GH4 在 4K（3840×2160）和 C4K（4096×2160）模式下，增加了峰值对焦功能，方便用户手动对焦。HDMI 外录制时可按照 4：2：2 采样格式输出。它拥有 3.5 规格的监听耳机插口，3.5 规格的话筒输入插口，可以完成 HDMI 4：2：2 8BIT 和 4：2：2 10BIT 输出。

使用拍摄模式转盘选择视频拍摄模式，从此开启松下 GH4 的 4K 之旅。

1.在松下 GH4 的菜单中找到彩条设置选项。

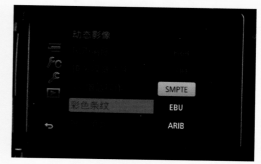

2.松下 GH4 的彩条选项很全，有 SMPTE、EBU、ARIB 三种。我们习惯使用传统标准化的 SMPTE 方式。

3.标准彩条画面，和我们小时候看到的电视台信号检修画面基本一样。

4.再选择 ARIB 选项看一下复杂的彩条画面。

5.可以更加丰富地看到色彩、灰阶、纯色还原。基于 4K 拍摄，这些都是必须在细节上进行把控的，否则在色彩上会给后期流程带来麻烦。

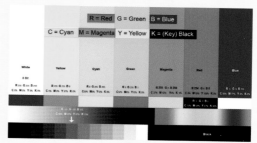

6.彩条就是 Colorbars 的直译，对于其中色彩的采样标准，这个图标表达得很清楚。

## 功能分析

　　在功能设置上，松下 GH4 更加注重针对动态视频拍摄而设计的参数调整方式，可以设置影调、格式、画面质量、曝光方式等多种参数。在录制质量选项中，C4K 可以完成 4096×2160 画面的拍摄，4K 则可以拍摄 3840×2160 的画面，完全兼容电影系统和电视系统的需求。而且可以使用 24P 的帧速率来进行拍摄，从而更加符合电影拍摄的要求。

**Tips**：50Hz 帧频下的 AVCHD 格式设置

1. 在 50Hz 帧频下，使用 AVCHD 格式进行拍摄，可以得到 1080 50P 的画面，码流可达到 28Mbps。

2. 还可以选择 1080 50i 隔行扫描的拍摄方式，码流只有 17Mbps。

3. 在 1080 50i 的设置下，码流为 24Mbps。使用这个设置可以进行可变帧的拍摄，并且在整个 AVCHD 的录制质量下，可以使用杜比数字格式来进行音频录制。

  松下 GH4 在机内就可以进行色域范围的选择。亮度级别可以选择全色域或电视系统色域，方便使用者针对不同应用选择不同的亮度表现，甚至可以非常方便地为后期制作进行细化设置。

  对于 HDMI 输出，可以选择色彩采样比和色位深度的选择。针对输出可以进行降频转换，如变换为 HD 标准，满足监看和分享的需要。

**Tips：** 50Hz 帧频下的 MOV 格式设置

1. 选择 50Hz 帧频，在 MOV 格式下只能拍摄 3840×2160 的 UHD 视频，这也就说明，想使用 GH4 拍摄 4K 画面，必须在 24 帧的前提下。

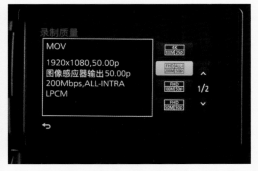

2. 可以拍摄 1080 50P、200Mbps 的视频。

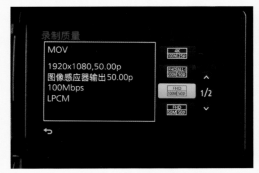

3. 1080 50P 下，可以根据码流不同来选择视频的详细参数。

4. 1080 25P 下，可以根据码流不同来选择视频的详细参数。

**Tips：** 50Hz 帧频下的 MP4 格式设置

1. 选择 50Hz 的帧频，然后选择 MP4。

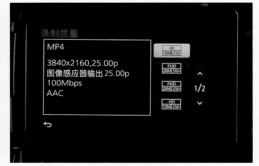

2. 可拍摄 3840×2160 的 UHD 视频，使用 25P 的帧速率。

3. 可拍摄 1080 50P 视频，其码流可以达到 28Mbps，属于主流摄像机的水平，音频使用 AAC 编码方式。

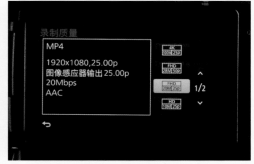

4. 拍摄 1080 25P 视频，码流只有 20Mbps。

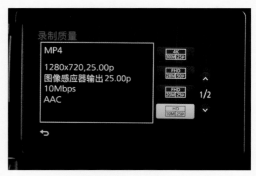

5. 拍摄 720 25P 视频，码流只有 10Mbps。

**机内曲线**

松下 AG-GH4UMC 可以通过曲线菜单来调整曝光宽容度,只需简单的设置就可以使用模拟曲线来完成拍摄。

对于曲线的应用相信大家都不会陌生。除了非常中规中矩的标准曝光外,通过对暗部和亮部的曝光控制,不但可以产生不同影调,而且可以表现出不同的画面宽容度效果。相机菜单中虽然没有明确说明这就是曲线效果,但实质就是曲线的表现和应用方式。

通过提升亮部曝光和降低暗部曝光,使得画面反差增大,也就是高对比度效果。反之,降低亮部,提升暗部则会造成灰度较大,画面较平的低对比度效果。依次类推,我们可以针对暗部和亮部做出不同的强调,而且可以让对比度变得极大或极小,这一切都和画面风格息息相关,同时也考验摄像师的技术和导演手法。不过最根本的考量则是松下 AG-GH4UMC 的宽容度。

**Tips**:50Hz 帧频下的可变帧设置

1. 在 50Hz 帧频下,选择相应格式设置,激活"可变帧率"选项。

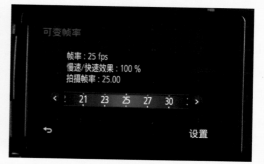

2. 在 50Hz 下使用 25fps 就是正常帧率的拍摄,帧率 100% 不发生变化。

3. 50Hz 下最低可以选择 2fps,也就是 2 帧/秒的画面,此为降格画面快动作,快速效果 1250%。

4. 50Hz 下最高可以选择 96fps,也就是 96 帧/秒的画面,此为升格画面慢动作,慢速效果 26%。

**Tips：** 24Hz 帧频下的可变帧设置

1. 在 24Hz 帧频下，选择相应支持可变帧频的格式，"可变帧率"选项被激活后就可以设置了。

2. 打开相应选项进行设置。

3. 基本拍摄参数一目了然，在 24Hz 下使用 24fps 是正常帧率拍摄，帧率 100% 不发生变化。

4. 24Hz 下最低可以选择 2fps，也就是 2 帧 / 秒的画面，此为降格画面快动作，快速效果 1200%。

5. 24Hz 下最高可以选择 96fps，也就是 96 帧 / 秒的画面，此为升格画面慢动作，慢速效果 25%。

## 使用感受

松下 AG-GH4UMC 的操控性不必多说，只要你习惯了 HDSLR 设备的操作，那么使用 GH4 就是无障碍的。关键是使用 GH4 的用户手中的镜头保有量，以及镜头转接的方式，这些可能会让用户在选择它时有一丝犹豫，不过这些都不是问题。

很多人置疑 4/3 系统感光元件尺寸的问题。其实这不是问题了，相机的感光元件尺寸已经远远超越了视频拍摄的需要。

感光元件尺寸问题并不是画面是否优异的关键，关于这个问题的很多纠结都是心理原因。

有人在期待合适的附件，包括底座、供电系统和录机系统，其实这也不是问题，已经有了成熟的案例，只要适当改进一下即可。其实我最担心的是，真正具有性价比的 4K 设备已经出现，很多人只是观望、讨论，然后再观望、再讨论，而没有实践的勇气。

## 特别采访 SPECIAL INTERVIEW

### 辛 骏

导演，电影摄影师
海视（福建）影业技术流程总监

**Q** 如何看待相机摄影机设备的视频拍摄方式？它的优势和劣势是什么？

辛骏工作照。

**A：** 自 2008 年起，佳能"无敌兔"的问世引领了相机摄影机拍摄视频的一个浪潮，使得大批独立制作人及小成本电影都呈现在观众眼前。这也说明了影视行业的门槛变低了，许多视频爱好者能够拿起相机摄影机直接进行拍摄。同时，许多专业的影视从业人员也开始对相机摄影机设备进行开发和研究，并促进了影视工业的发展。相机摄影机的优势是大传感器加可换镜头，能够带来一种近似于电影摄影机的电影效果。随着相机摄影机的不断发展，如今的相机摄影机功能非常强大，许多大电影中的一些特殊镜头都是使用相机摄影机拍摄的。相机摄影机完成了许多大银幕的考验。

如果让我总结的话，它的优势有：小巧轻便，可换镜头，大传感器，价格较为便宜；劣势是：许多移动画面，相机摄影机会带来较严重的摩尔纹及果冻现象。

**Q** 在你的拍摄中，它和摄像机哪个比重更大一些？你一般在拍摄什么题材的时候使用它？

**A：** 依照影片的预算来考虑。在预算充裕的情况下，我仍然会使用专业的电影摄影机进行拍摄，因为其素材质量能够提供给专业的影视制作流程。相比之下，相机摄影机以其小巧的特点，更适合一些特殊镜头的拍摄，比如航拍、水下摄影、车内拍摄以及各种狭小空间的拍摄。若预算有限，制片方要求使用相机摄影机进行拍摄的时候，我会通过专业附件的安装配置，使得相机摄影机得到电影机的基本功能。

**Q** 如何看待相机摄影机的发展？如何看待数字电影摄影机的发展？

**A：** 纵观近几年的影视器材发展，能比较有意思地发现，相机摄影机与电影机的发展方向，就像苹果公司的 iPad 与 iPhone 的关系，iPad 越做越小，iPhone 却越做越大。同样的，专业电影机越来越趋于小型化、模块化，而相机摄影机功能越来越强大，甚至许多第三

相机摄影机充光表现（辛骏作品截图）。

索尼 F55 高感测试（辛骏作品截图）。

方记录器厂商都为相机摄影机提供了可扩充的高质量录制方式。我大胆地预计，今后的相机摄影机与专业电影摄影机的区别可能会越来越小。

**Q** 如何看待 4K 这个话题？

**A：** 在两年前 4K 听起来还是件较为遥远的事。我第一次看 4K 影像是在索尼（中国）专业系统集团内部，当时看了索尼最新的 84 寸 4K 电视机播放的 4K 视频。4K 给我的观感相当震撼，每一帧画面都像一张高质量的照片，但当时并没有充足的 4K 片源，4K 视频的拍摄与制作也是个比较神秘的话题。当时仅有几家大牌的摄影机厂商推出了可拍摄 4K 分辨率的摄影机，比如 Red、Sony。时至今日，4K 已经基本普及到人们的生活当中，各大电器卖场都可以看到 4K 电视机在售，甚至许多大城市的电影院都有了 4K 放映厅。如今的 4K 摄影机市场有了相当多的产品，甚至连一些新进的相机摄影机也具备了 4K 拍摄功能。更让我为之惊讶的是，一些手机厂家也推出了可拍摄 4K 的手机，比如三星 note4、索尼 Z4，正因如此，4K 片源的摄制也逐渐开始普及起来。我第一次做 4K 影片是在 2013 年 4 月，当时正好购买了一台索尼公司出品的最新设备 F55。由于迫切地想看 4K 的效果，当时我们花了好些时间来研究 4K 的流程，最终在 4K 播放设备下我们看到了自己制作的 4K 影片，这让我感到我们踩着时代的脚步迈进了 4K 影视制作的阶段。当然，随着张艺谋导演的

全局快门果冻测试（辛骏作品截图）。

4K 宽容度测试画面（辛骏作品截图）。

电影《归来》的上映，代表着中国第一部 4K 院线电影的诞生，我相信 4K 会成为人们最终追求的视觉感受。

**Q** 你最早使用的相机摄影机是哪一款？你如何设置它？

**A：** 我的第一台相机摄影机是在学校读书期间购置的"无敌兔"，当时纯粹是为了练习与拍摄作业所使用。一开始对于单反拍摄相当随意，感觉"无敌兔"接上镜头，放到全自动模式所记录的画面就非常漂亮。但通过学习，我发现它越来越不够用了，比如它的色彩空间在后期看来少得可怜，通过研究发现了许多第三方软件对其有所改善。众所周知的 Cinestyle 色彩软件让我快乐了好一阵子，之后有一个叫作 Magic Lanten 的公司对"无敌兔"进行了破解，因此我可以获得一个较高质量的 RAW 视频。虽然破解之后的 RAW 工作流程比较麻烦，但我想这应该就是"无敌兔"发挥到极致的水平了吧。

**Q** 你现在看好的设备是哪一款？为什么？

**A：** 近几年摄影设备的更新换代非常快，基本每一年，每一家厂商都会推出新的设备，因此这些设备的功能、价格以及成像质量便成了购买者所选择的条件。在专业电影机领域我比较看好索尼 F55，因为它的 4K、全局快门、超过胶片的色域，以及原始素材 RAW 文件的质量，完全符合现代电影的制作，并且它先于其他摄影机厂商开发了可机内加载 LUT 的技术。这项技术能让为保留色彩空间而产生的"灰呼呼"的 log 画面，直观地映射成你需要的色彩风格，让刚迈进数字电影制作的我们，更直观地操作高宽容度的数字摄影机。

在相机摄影机领域，我比较看好松下新发布的 GH4，它应该算是唯一一款价格实在，且机内可录制 4K 视频的相机摄影机。相比早些时间佳能的 EOS 1DC，作为同样主打 4K 的相机摄影机，GH4 显得更为小巧，其 4K 可兼得 100M 码流，并且价格也便宜了许多。虽然在传感器面积方面小于 1DC，但是 GH4 巧妙地运用了 M4/3 画幅，贴上了超采样率的标签，并且在镜头方面 GH4 所提供的镜头组相比佳能的 EF 镜头组也廉价不少，GH4 已逐渐成为相机摄影机玩家的宠爱之物。

**Q** 如何看待感光元件的尺寸、高感、高宽容度这些话题？您认为一款好的拍摄设备应该具备哪些素质？

**A：** 一个字可以概括摄影师对感光元件、高感及高宽容度的要求，那就是"大"。首先来说，大的感光元件能够让我们获得更好的画质，对于镜头系数来说，也不那么矫情，这一点让我在拍摄过程当中可以直观地判断镜头与景别。

高感光度是当今摄影设备所攀比的话题，高感度能让我们在低照度的情况下，获得更好的画质，用一句玩笑话来说，能省些灯光的预算。宽容度一次又一次地被新发布的摄影机作为卖点，同时也一次又一次地在不断突破。对于我来说，高宽容度能给后期带来更多的发挥空间，能让后期调色进行二期创作，如果把摄影师看作是一个老板，高宽容度就像一份福利用来奖赏后期的调色师们。

**Q** 你的后期工作流程是如何设置的？能否分享一些后期制作，如剪辑和调色的经验？

**A：** 暂且把摄影机录制的素材分为两种类型，一种是带有 log 伽马信息的素材，一种是 RAW 的原生素材。大部分带有 log 信息的素材可以直接进行剪辑，剪辑完成之后输出 ed1、xml 等格式的剪辑表，直接发送到后期的调色软件当中，通过调色软件对具有 log 信息的原素材进行调色，最终就能输出成片。

对于 RAW 格式的原生素材，我会先将其转换成为一个低质量的代理素材（当

相机摄影机接24mm移轴镜头可控虚化范围。

下许多设备已经具备同时录制 RAW 与代理素材的功能），将代理素材供给剪辑使用，同样输出剪辑表。在调色的环节当中，我们将代理素材替换成 RAW 素材进行调色，最终将调好色的 RAW 素材回批给剪辑软件当中，输出最终的成片。以上的工作流程也可运用于 4K 影片的制作，当然你需要一台配置较高的电脑。

**Q** 在拍摄中都用到哪些附件？有没有推荐的附件装备？

**A：** 影片摄制中需要的附件非常多，我觉得必不可少的就是跟焦器，在追求小景深的画面感时，你的焦点会直接影响观众的感官及画面所叙述的重点内容。还有一样东西也是最近在摄影过程当中所发现必不可少的，即肩扛系统。如今"手摇"式摄影风格成为不少大片的个性所在，也能更好地将人物情感及剧情节奏呈现给观众。因此，这种风格成就了与摄影机密不可分的肩扛系统。肩扛系统主要有手柄及 C 型肩托，这让摄影师能够灵活地展现手摇式的摄影风格。当然，这种摄影方式对摄影师的体能也有极大要求，因此许多摄影师会借助一种像 Easy Rig 的穿戴式设备的力量。

摄影机的移动与镜头的设计是电影最大的魅力，在 2013 年发布了一款革命性的产品——MOVI 多轴稳定器，我想它的设计灵感来自于 FPV 云台。它可以完全替代斯坦尼康稳定器的功能，并且非常小巧，机动性远远大于斯坦尼康。虽然其承重量并不大，但结合近年来摄影机趋于模块化的改变，以及高品质相机摄影机的诞生，MOVI 的出现更显得迎合了这个时代。如今很多国内厂商也效仿 MOVI 开发了多轴稳定器，且价格相对便宜。

**Q** 能否分享一些使用相机摄影机的经验？

**A：** 用相机摄影机拍视频果冻现象与摩尔纹普遍比较严重，但借助相机摄影机的大画幅，我常常将它用来拍摄一些特殊的镜头效果，因为它支持许多镜头组。比如，蛇腹镜头及鱼眼镜头等，这些镜头能够拍摄出有别于大型摄影机的独特视角，能创造出独特的镜头语言。选择一个合适的焦段，在大画幅感光元件的作用下，结合自然光线，我能拍摄一个十分写意的充光镜头，这类镜头常常运用在 MV 及剧情类影片的音乐桥段。不得不提的是使用相机摄影机的玩家在掌握基本的摄影知识之外，要有一定的动手能力，毕竟相机摄影机的开发并不是专门供给视频录制，我们必须借助一些第三方附件来完善我们手中的相机摄影机。

## 特别采访 SPECIAL INTERVIEW

### 邢 川
北京电视台纪实高清频道导演

**Q** 能否先介绍一下"转动南半球"这个拍摄计划？

"转动南半球"（邢川作品截图）。

**A：** 作为 BTV 纪实的新视听组，我们现在主要负责微纪录片产品线的内容制作。探索和探险精神一直是我们的核心价值，高品质的纪实影像是我们观察这个世界的方式。为此，我们启动了一个名为"转动南半球"的穿越拍摄活动，这也是我们微纪录片生产线中穿

邢川拍摄工作照。

小巧的器材使用吸盘就可以快速安装在车身上进行拍摄。

越探险类版块内容制作的第一次试水。

整个活动内容是利用 12 天的时间，驾车横穿澳大利亚中部的广袤荒野，全程 4700 多公里。两辆车，8 个人，除去两位向导和其他平面摄影之外，真正投入影片拍摄的实际上只有两人。这是一个不小的挑战。因为条件有限，我们并不能提前对拍摄地进行调研和踩点，无法做出周密的拍摄计划和有效的场景及故事设计。基本上都是参照着穿越团队的日程表来临时进行调整，这给影片带来了很大的不确定性和风险。

**Q** 你对松下 GH4 这种 4K 相机摄影机的使用感受如何？

A：毋庸置疑，这一次拍摄过程中让我们最感兴趣的设备，当然是松下 GH4。能够使用一台小巧轻便的设备，拍摄高品质的 4K 画面，对于我们这种人数极少的小团队来说，绝对是极具诱惑力的。

关于 GH4 的各种参数和评测网上已经有很多，我在这里就不再赘述了。我们这次并没有使用 GH4 的专业底座，所以拍摄到的 4K 素材是机身自录的电视 4K 的格式。它的尺寸是 3840×2160，画幅尺寸是 HD 的 4 倍，这种画幅信息量带来的当然是画质的提升，这种改变非常明显，不需要任何专业评测，只凭双眼的直观感受就很容易做出这样的判断。

GH4 配合微距镜头，可以拍摄细微和多角度的画面（邢川作品截图）。

丰富的细节（邢川作品截图）。

这台机器的机身非常小巧，如此轻巧的设备，在使用之初，我们对于它的一些性能还是持有怀疑态度的。比如说低照性能究竟如何？由于是境外拍摄并且人数有限，我们除去必需的拍摄器材之外，已经无法携带足够的灯光设备，所以良好的低照性能是我们能否拍好的保证。在到 Alice Springs 时我们终于遇到了这样的问题，在拍摄一个自助洗车的场景时已经是夜里 9 点了，现场的照度非常有限。在拍摄这一场景时我们将感光度调至 ISO1600，使用了大光圈的福伦达镜头，最后发现素材还是让人非常满意的。

**Q** 这种 4K 相机摄影机在使用中有哪些经验分享吗？

**A：**从操作层面上来看，松下 GH4 更像一台电影摄影机。尤其是它的菜单操作，完全强调了视频拍摄的功能，并且同时具备峰值对焦、斑马纹等数字摄影机的辅助功能。机身同时还具备延时拍摄的功能，以及升格拍摄的功能，对于一台微单相机来说，它其实已经完全超出了我们的期待，习惯摄影机操作的朋友也非常容易上手。我不喜欢触控屏，当然这也可以根据个人喜好随时关掉。机身提供了很多拍摄场景模式，也包括便于调色的高动态范围的电影模式。基于我们这次项目的制作周期和经费限制而没有调色的流程，所以我在拍摄过程中主要采用了标准和风景两种模式进行拍摄。

真正实拍起来，GH4 小巧机身的优势立刻体现了出来，我们完全可以使用它来进行很多特殊角度的拍摄，比如汽车碾过路面的镜

多角度应用（邢川作品截图）。

和便携轨道配合。

使用翻转屏在车内狭小空间拍摄。

使用长焦端拍摄鳄鱼（邢川作品截图）。

头，超市购物车内的视角。同时，可以翻转的显示屏也让我们在狭小空间内拍摄时能更方便地进行构图和监看，比如我们在车内进行采访的画面。小巧的机身也让我们可以携带更多轻便的附件。

　　GH4 的 4/3 系统感光元件让我们在使用其他卡口的镜头时需要乘以一个系数 2。这让我们在长焦端占了便宜，比如在拍摄袋鼠和其他野生动物的时候；当然这也让我们在广角端吃了亏，在需要大广角拍摄的时候，我会使用 EF 卡口 8-15mm 的鱼眼镜头来进行代替。它对于其他卡口的兼容性给我们带来了方便，让我的微距、大长焦、鱼眼这样的镜头都派上了用场。当然，相机毕竟还是有其局限性，比如 GH4 机身并不具备内置 ND 滤镜，在强光环境下拍摄会有一定的局限，但这些问题可以通过附件来进行解决。我想作为一款微单相机，它已经超额完成了自己的任务。

**Q** 小团队进行拍摄，声音采集的问题是如何解决的？

**A：** GH4 的专业底座对于我们来说解决了单反拍摄的一个硬伤，那就是音频问题，因为它具有卡侬音频接口。但是由于我们这次并没有携带底座，所以声音问题依然有待解决。还好我们找到了一个音频解决方案——使用舒尔 VP83。它在拍摄过程中给我们的音频录制提供了保障，并且有 3 挡增益可供选择，从而使我们可以根据拍摄场景的声音环境来进行调整。

**Q** 后期的流程是如何设置的？

**A：** 我们使用了两张 32G 的高速 SD 卡，在电视 4K 格式的录制模式下，一张卡可录制的时长为 40 分钟左右。这对于我们这次外拍来说还是可以接受的，当然必须携带足够大的硬盘来进行素材备份。但是在后期制作过程中还是遇到了问题。本片使用 Eduis7 进行后期的粗剪，硬件是一台 15 寸配 retina 屏的 Macbookpro。虽然这台机器剪辑高清画面非常流畅，但是剪辑 4K 画面时还是出现了非常明显的卡顿。我们可以通过使用更好的设备来作为解决方案，当然这也代表着更大的投入。但是，Eduis 的一个非常有用的功能直接解决了我们的

声音的解决方案，使用舒尔麦克风。

后期流程设置。

剪辑问题，那就是软件的剪辑代理功能。当我们将所需的素材导入素材库之后选择创建代理，这样软件会自动在后台为所有的素材文件创建一个小码流的代理文件，以便实时进行流畅的剪辑和预览。代理模式和普通模式可以一键切换，非常方便。

其实，这些使用心得和解决方法还是作坊式做法，受限于我们现有的条件和资源。我们所向往和追求的依然是一个成熟的、专业的、分工明确的纪录片操作机制。

## 特别采访 SPECIAL INTERVIEW

### 张志刚

国内知名影像创作人，创办了云南"野牦牛工作室"，拍摄过大量自然题材的影像作品。

2005 年在阿里北线，使用设备为佳能 XL1。

Q 张老师您好，您最早接触视频拍摄是在什么时候？

A：其实我从标清时代就开始接触视频制作了，最早用过佳能 XL-1，后来用了高清 H1，佳能 A1 也用过，包括索尼的 Z1C 等。现在转到"无带化"以后更方便了，原来那些磁带式机器都放在那里没用了。

特别是前几年"无敌兔"出现以后，我开始尝试使用"无敌兔"进行拍摄。很多特殊的角度，各种焦距的镜头配置，都是它最大的优势所在。但是后来发现它的果冻效应比较严重，而且真正作为高

使用"无敌兔"拍摄。

清来说清晰度我认为是不够的。我感觉它远远达不到高清，所以后来增加了松下 AF103 摄影机，再后来索尼 FS700 也买了。这期间我还用过佳能的 XF305，觉得都很好用。这两年大画幅设备出了很多，而且用户对于拍摄的要求也比较高，所以我逐渐转向大画幅设备了。

2003 年在阿里北线盐湖，拍摄设备为佳能 XL1。

**Q** 您怎么看待大画幅这个概念？现在很多厂家在宣传中总是说大画幅或者全画幅这样的概念，您会有一个对比吗？他们的画质有怎样的不同？

**A**：它的画质可以说明显比原来 1/3、2/3 英寸的设备好很多，特别是在低照度环境下，这两种设备的画质差异会更大，而且大画幅设备的画面会更通透一些。当然也发觉一个问题，很多人都喜欢大画幅的小景深效果，其实有时候并不需要那么小的景深。最近我在拍 4K 视频，要求画面整个景深都要清晰，而且要把景深设置得尽可能大一些，大画幅其实还挺难办的。

**Q** 景深要大？全景深的画面？

**A：** 是的。哪怕你用广角镜头或尽量缩小光圈，实际它都与小画幅的表现不一样。大画幅的景深达不到那么大，过去我们总是感觉景深不够小，现在相反，拍这类全景深则成了问题。我现在尽量使用广角端，尽量缩小光圈，但光圈也是有限的，所以我真正需要很大的景深倒还存在问题了。

**Q** 比如说松下 AF103 这类摄像机，感光元件其实比较小，您怎么看 4/3 系统的拍摄设备？

**A：** 我这两年用松下 AF103 作为主力设备来拍摄，之前因为还没有太多大画幅设备出现，松下 4/3 系统的出现还是比较早的。我已经感受到了它的一些优点，在低照度方面，还原得相对还是比较好的，而且小景深效果也不错，特别我用转换环转接了佳能的镜头以后，创意画面的拍摄都可以满足。但是松下 AF103 在设置上有一定的要求，它在好多时候会出现噪点，并非是高感情况下出现的。

有些噪点，如果使用小尺寸的监视器查看是不明显的。但是在大屏幕上查看，暗部甚至亮部都会发现这些噪点，不过这并不是问题，我在后期采取一些降噪手段就可以明显去除掉了。而且如果用得好，绝对不影响清晰度。

2003 年在阿里北线盐湖，设备为佳能 XL1。

**Q** 您的降噪处理是用"达芬奇"软件完成的吗？

**A：** 不，我是在 Edius 中使用了降噪插件。这种噪点应该是运算过程中的一些浮点错误，我在后期去除的同时会做一些细节的锐化。我感觉这个插件的优点是，它既把那些噪点明显去掉了，又不会影响清晰度。

所以虽然它是 4/3 系统的设备，但是我感觉这并不影响画面质量。之后我还用过佳能 1DC，我觉得它的画质更好，数据量比较大，清晰度特别是画面的干净程度非常好。

**Q** 你怎么看待佳能 1DC 这样的 4K 设备呢？

**A：** 我觉得画面质量非常好，但是对于很多周边设备要有提升才可以，比如要用到高速存储卡。最初使用的时候，我发觉用普通卡只要运算量一大马上就停掉了，后来用到了 1000X 的卡就解决了这个问题。

**Q** 您的镜头是怎么配置的？

**A：** 使用松下 AF103 时，我配置了很多 4/3 系统的镜头（MFT 镜头），比如松下 7-14mm 镜头就很好用，14-140mm 我也有，另外还有 4/3 系统的图丽 300mm 折反镜头。

更多时候我都在使用佳能镜头，从 8-15mm 的移轴镜头，到 100mm 和 400mm 的长焦镜头，包括 28-300mm 这样的大变焦镜头都有。我还有很多转接环，针对索尼品牌的设备，我也会用佳能的镜头来做转接。原来松下 AF103 用佳能镜头最大的问题是光圈不能调，我现在用的转接环是可以调的。它是用一个 USB 接口进行连接，以通过外部旋钮来改变光圈数值，这样用起来就方便多了。最近我又买了 3 支三阳镜头，效果出乎我的意料。

2011 年在西藏羌塘草原，设备为松下 AF103 摄像机与佳能 100-400mm 镜头。

**Q** 你觉得三阳镜头的哪些素质是比较好的？

A：我觉得整体使用感觉非常好，它的清晰度完全可以满足我的需要。其虚化效果，在一定程度上我觉得不比电影镜头的虚化效果差，它完全是按电影镜头的感觉设计的，有调焦齿轮、跟焦尺，两边的尺码都是左右对称的。而且价格非常低，花两三千就可以体验电影镜头的感受了。

**Q** 您选的是哪几个焦段的镜头？

A：一共三支，85mm T1.5、35mm T1.5 和 14mm T3.1。

**Q** 您觉得它边缘还原得好吗？

A：我感觉没问题，我没想到这镜头能给我惊喜。我以前根本没在意，先买了一支试用，之后接着又买了两支。它的缺点也有，虽然有调焦尺，但调焦行程比电影镜头小，拍摄进行调焦的时候相对要注意一点。不过它的操控阻尼非常柔和，我觉得很好用，这个是一半的价格可以达到的效果。

**Q** 您现在用过松下 GH4 了，您对这个设备有什么新的感受？

A：首先它的外形比佳能 5D Mark II 和 5D Mark III 要小很多。但问题还是在照度低的时候存在噪点，正常光线下我觉得问题不大，而且这个机器能记录 4K，只要光线正常或者有灯光设备，我觉得还是可以应付大多数的拍摄。这个相机摄影机从它的价格，还有它能达到 4K 这点来说，在目前的选择范围里也是一个很好的选择。

**Q** 它的机内曲线您用过吗?

**A：** 它有几个快捷曲线，我觉得很起作用。有时候反差大，把曲线打开使用，马上就可以得到想要的效果，我觉得很方便。实际上我们现在做东西，很多后期可以去调整，但在前期如果能够用这个曲线调整，那么会给后期带来很多方便。

**Q** 您买的时候带底座了吗?

**A：** 没有底座。因为底座对于我来说没必要。

**Q** 画面感受跟其他以往的设备对比，除了 4K 之外，画面感受有哪些不同?

**A：** 应该没太大的区别，而且真正拍 4K，我把它和佳能 1DC 做过对比，如果光线正常，应该说它的通透度比 1DC 还是有点差距的，但是其他方面看不出来。

另外，这些机器包括 1DC 和 GH4，使用 4K 监视器来进行原素材对比，GH4 的 4K 画面看起来稍微有点肉。我觉得这个问题有点想不通，但是在后期的时候适当地给一点锐化，效果一下就出来了。

还有一个现象，我现在做 4K 会结合相机的延时拍摄方式，用序列拍单张照片来做一些。比如说拍一些延时的风光场景，把这种序列图像和 4K 画面放在一起，可以得到非常好的清晰度，而且延时图片的清晰度远远超过 4K 的影像品质。

其实我现在 4K 的方案就是 4K 摄像机和照片序列结合起来出 4K，这样可能会起到很好的平衡。

使用松下 GH4 和佳能 24-70mm 镜头拍摄。

**Q** 您现在用的相机摄影机跟哪些附件搭配？

A：这些附件中，真正实用的就是外置显示器和镜头转换环，其他东西不是经常用。最近为索尼 FS700 配了一个套件，以及跟焦器。

如果拍电影的话，那么我就带着套件去拍摄，每一支镜头从取景到调焦都极为认真。但是平时我们为了一些快速或者刁钻的角度肯定裸机好用，包括佳能 5D Mark III 仍然会用到，用一个小滑轮车在地上移动来拍摄，或者是从很低的角度拍摄，这两种结合，目的是发挥各自的优势。

**Q** 您怎么看航拍的发展？

A：我们这些都算是菜鸟，我很喜欢航模，但是搞航拍以后，感觉伴随着现在飞控技术的发展，还有卫星 GPS 定位功能的发展，飞行已经变得很简单了。现在我自己拍了不少东西，包括一些贴着水面飞的镜头，觉得还是挺有意思的，但是也要随时接受摔机器的打击。有人说过搞航拍航模是一种挫折教育，你得有心理准备，摔了以后你得鼓起勇气继续搞，得认真对待。

**Q** 您现在的航拍设备主要有哪些？

A：有两台，一台大疆 S800 无人机，一台小六轴无人机。

**Q** 您现在用松下 GH 系列的相机摄影机和航拍器搭配的是哪款设备？

A：我只用 GH2 和它搭配，因为云台是 GH2 的，现在 GH4 的云台还很贵，我暂时不想配，下一步我要考虑用其他机器挂上去。我感觉航拍中 GoPro 就是一个不错的设备，而且可以达到 2K，拍出来的画面经过防抖处理以后，比其他设备拍的画面分辨率要高，所以我很看好这个东西。而且使用它心理压力也小，它本身就很轻，如果用GH2可能要飞200米的高度，用GoPro 100米就够了，广角的感觉就已经很高了，我非常期待它的升级产品。

**Q** 那您的后期流程怎么设置的？

**A：** 因为我用的是Edius剪辑平台配合BMD输出卡，这种卡最高可以在30P以下输出，帧频超过的不能输出。所以我现在做4K把画幅设成3840×2160，帧速率29.97fps，这样数据输出就没问题了。

**Q** 您的卡主要是为了上屏监看使用？

**A：** 对。因为真正要做4K必须上屏，如果要做4K，无论从焦点的控制，或者画面的构图选择，我感觉40寸以下的显示器是不能满足观看需要的。

**Q** 标准应该是42英寸。

**A：** 起码要42英寸以上，那样做出来的片子到小屏幕上看才经得起检验。

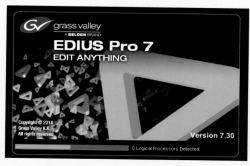

Edius 7.0软件。

Edius 7.0工程设置截图。

Edius 7.0 时间线截图。

**Q** 现场拍摄的话，你使用的监视器尺寸是多大的？

**A：** 我现在是用 7 英寸的 iKan 监视器，它很实用，自带示波器功能，色彩和清晰度还原都非常好，而且可以点对点显示。如果拍摄周期允许，我会带一台 4K 的显示器，起码是在 28 英寸以上。

**Q** 您用了这么长时间的相机摄影机，有什么样的经验给大家分享一下？

**A：** 相机摄影机的使用还是那个原则，尽可能保证稳定，不要像一般小业务机一样手持或者快速移动，因为这类机器如果拍高清再加上小景深，焦距稍微跑一点，在画面表现上就会非常明显。尽量减少移动，尽可能稳。

虽然低照度相对效果较好，但是尽量还是不要在很低的照度下去拍摄，那样还是有一些问题的。

**Q** 您自己控制相机一般感光度最高多少？

**A：** 在片子里面感光度一般不超过 ISO640，特殊时候会用到 ISO1200 或者 ISO1600，但是最好还是不要太高，我觉得会更好一些。

# 四、索尼阵营

## 索尼相机摄影机的爆发

索尼摄像机很出名，市场占有率极大。但是在相机摄影机阶段，它进入得并不是太早，其以 A 打头的相机在拍摄视频时都不错，依然延续了摄像机上的传统。索尼在做相机方面没有太大的拘束，通过收购美能达的相机部门，索尼昂然入驻静态影像市场。从卡片到微单，从单电到单反，这个体系不断被编织起来，而且还有越来越猛烈的态势。

## 体系组合

索尼是一家不喜欢单打独斗的企业，它要是推出什么产品，基本都是集团作战。在摄像机领域，它每年的发布数量是惊人的，而且它的产品非常多，横跨音频和视频部门。

索尼 A7S。

索尼 A77II。

索尼 A99 和索尼 24-70mm F2.8 镜头。

索尼 A99 简易拍摄附件，增强了相机摄影机的音频功能。

在影视制作方面，很大一部分硬件都会使用索尼的产品。

所以在这样一个庞大的体系之中，只要随便揪出一些产品的特殊功能就可以组合成一些新的产品。我们如果要说索尼在相机摄影机的领域发力比较晚，还不如说它们最初应该是没有看上这部分市场份额，直到"无敌兔"开始不断蚕食视频制作市场之后，索尼才真的把它当作对手，认为该出手的时候已经到了。

手机的出现即将消灭卡片机和手持式消费级摄像机，相机摄影机的出现对于传统业务级摄像机的冲击极大。你可以看看身边的婚庆工作室或者商业视频工作室，除了必须长时间连续拍摄的，否则基本全部都使用相机摄影机来完成拍摄。

索尼 NEX-FS700 摄像机。

作为已经有强大视频研发成果的公司，索尼一旦正视这个问题就会使用集团作战的办法来应对。在相机上加入摄像机上的主流格式和编码方式，然后将大量摄像机的功能移植到相机上。

## VG 壁垒

无论是索尼微单、单电还是单反，它所能提供的拍摄设备都是足够丰富的，而且可以快速上手，即使使用自动功能也已经表现得十分出色。但是我始终对索尼 E 卡口镜头没有好感，成像、手感都没有出彩之处，不知道为什么这个卡口好像肩负重任一般，从微单阵营一直延伸到专业系统如 FS700 这样的 4K 摄像机上。我有一台索尼 VG10 摄像机，它就像相机和摄像机的跨界产品，操控很方便，如同使用微单一般，但仍使用了 E 卡口镜头。索尼 VG10 保留了主要的视频设置功能，精简的设计让这个

索尼 NEX-VG30 摄像机。

索尼 NEX-VG900E 摄像机，使用全画幅感光元件。

系列产品随后发布了 4 代不同的产品。

其中不乏使用全画幅感光元件的索尼 VG900，这个产品是野心勃勃的，是一次对于佳能"无敌兔"的公开挑战，或许后来索尼 A7 系列全画幅微单相机的诞生，和这个也是有关系的。

VG 系列看起来似乎已经形成了一个壁垒，这个产品体系看似是摄像机，在相机摄影机阵营中游离，但是使用者并不这样看。使用者才是真正给出答案的人，很多人这样使用 VG 系列。他们以 VG 系列设备作为拍摄主机，从而完成连续记录影像和音频的要求；然后通过转接环来转接其他品牌的镜头，至于套机的 E 卡口镜头，他们会直接卖掉。从这种配置的方式就可以看出，大家如何来平衡配置采购单。

## E 卡口和法兰距

索尼设计的 E 卡口拥有很短的法兰距，这就为镜头转接开启了一扇大门。要知道镜头转接被看作一件很酷的事情。法兰距，粗略地说就是镜头卡口到感光元件的距离，而镜头转接规则是法兰距短的兼容法兰距长的。只要明确知道各种卡口的法兰距长度，那么一切皆有可能：许多老镜头将迎来第二次春天。

早期 E 卡口镜头的手感的确不敢恭维，后来针对视频拍摄，索尼还发布了可电动变焦的 E 卡口镜头，焦段和手动镜头的焦段一致，对于没有老镜头的新用户来说，是一种不错的选择。但对于老用户来说，电动和手动差异不大。

索尼 NEX-FS700 使用 S35mm 感光元件。

索尼原厂转接环，可以将 A 卡口镜头转接到 E 卡口进行使用。

索尼 FS700 使用原厂转接环转接 A 卡口镜头。

索尼 FS700 使用转接环转接第三方的佳能镜头。

索尼 FS700 连接接口单元和录机来进行 4K 信号的录制。

索尼 A99 相机摄影机的旋转屏非常便于监看和自拍，上图这个监看位置可以保证拍摄时演员的眼点位置合理。

索尼 A99 相机摄影机的旋转屏可进行复杂角度的取景和回放照片。

## 索尼 A99

说到索尼 A 系列的相机摄影机，这类产品都使用 A 系列镜头，至于那个 E 卡口，属于后来新发展出来的一个旁支。对于之前推出的以 A 打头的单电产品而言，它们的对焦和连拍速度是有明显优势的，但是视频设置功能都很弱。后来我用到索尼 A99，这是一款价格实惠量又足的设备，它的自动对焦功能不错，很多时候我用它来拍摄视频节目，因为没有其他助手，我就用翻转屏来监看，然后完全依靠它的自动对焦功能来完成拍摄。整体拍摄的感受还是很棒的，这个自动对焦功能完全可以用在拍摄之中，而且高感的噪点抑制很好。

索尼 A99 是一款很成熟的产品，它的优势可以总结以下几点：全画幅 Exmor CMOS 影像传感器，半透镜技术保证了自动对焦速度和精准度，在跟焦方面提升了对焦的灵敏度，静音拨盘设计可以减少操作过程中的杂音。这些细节都提升了机器的画质和操控性。

当然 A99 也存在一些不足。首先是不要相信它的液晶屏在实时取景时的色彩和亮度还原，如果可能一定要带一个外接监视器。其次是音频的菜单语言让人难以理解，这给音频设置带来不便。最后就是音频的噪声太大，无论是外接 MIC 还是外接无线 MIC，都会有很大的噪声。

## 影片 A 时代

直到 2014 年才是影片 A 时代的开端，因为之前 A 系列相机在视频中的占有率太低了。不过从 A7S 和 A77II 的发布开始，可以看出索尼明显把视频作为了这两款相机的主打，那么所谓的相机摄影机就形成了。

索尼有强大的摄像机阵营，也试图使用 VG 系列来博弈相机摄影机的市场，但是最终还是再次回到未来，A7 系列的机型已有 A7 和 A7R，当然也不在乎多一款 A7S。而且这是在定型产品上的改造，就像给 iphone5 再转型出 iPhone5C 和 iPhone5S 一样。然后在 A77 基础上升级为 A77II，这样影片 A 时代终于来了。

# 4K 时代的高感悍将——索尼 A7S

相机摄影机已经进入 4K 的拍摄领域，各个厂家都有了相应的 4K 机型。在索尼阵营之中，A7S 也是一台跨入 4K 时代的设备。客观地说，A7S 只是半台 4K 相机摄影机，因为它不能机内记录 4K 信号，属于一台 4K 概念的高清相机摄影机。

索尼 A7S 全画幅微单相机。

### 35mm 全画幅传感器

　　索尼 A7S 使用了一块 35mm 全画幅 Exmor CMOS 影像传感器，它拥有约 1220 万有效像素，属于一块低像素集成的 CMOS。对于视频拍摄而言，像素已经够大了，就是对于日常摄影来说也绰绰有余。另外，优化的高速 BIONZ X 影像处理器，实现了优异的高感光度时低噪点的成像能力，让这款设备在 ISO409600 的高感状态下，依然可以得到不错的图片画质。

索尼 A7S 拥有 35mm 全画幅传感器。

索尼 A7S 机身上的 REC 键使用起来非常舒适。这台设备还具有 Wi-Fi 和 NFC 功能。

使用附件后，小巧的相机摄影机也可以在使用大镜头时得到很好的稳定性和机动性，而且可以搭配音频设备进行使用。

索尼 A7S 使用适马 60mm F2.8 镜头。

## Tips：使用 APS-C 画幅切换功能

1.将 E 卡口镜头装在索尼 A7S 上会出现暗角现象。

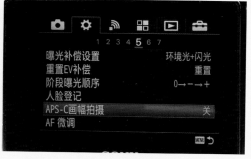

2.选择 APS-C 画幅拍摄。

3.选择"开"或"自动"。

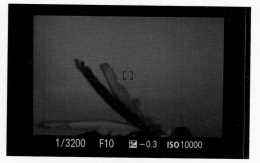

4.相机会使用小相场的画面，去除暗角。

## Tips：抑制索尼 A7S 的果冻效应

1.要有效抑制果冻效应，可以放弃全画幅模式，而选择 APS-C 画幅拍摄。

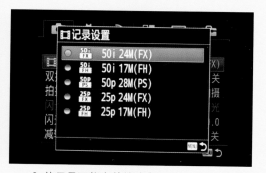

2.使用尽可能高的帧速率。

3. 将视频制式切换成 NTSC 模式。

4. 选择切换后相机会重启。

5. 使用 60P 的高帧速率。

6. APS-C 画幅时的 25P 画面，果冻效应有所缓解。

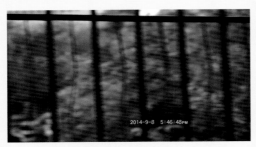

7. APS-C 画幅时的 50P 画面，果冻效应有所缓解。

8. APS-C 画幅时的 60P 画面，果冻效应有所缓解。

9. 全画幅时的 25P 画面，果冻效应严重。

10. 全画幅时的 50P 画面，果冻效应严重。

在菜单中选择文件格式。

索尼 A7S 有 3 种视频格式可选,最佳的是 XAVC-S 格式。

索尼 A7S 需要使用高速 SDXC 卡,对于 4K 的相机摄影机来说,SD 卡容量建议在 64G 以上。

## XAVC-S 编码

在前文中提到过 XAVC 编码,这种专业的电影摄影机编码另有分支,如 XAVC-S 编码偏于主流使用,对于相机摄影机的 4K 要求来说足够了,而且还可以用来拍摄高清视频,得到的高清画面比传统高清画面更加细致。对于一台需要录机来实现 4K 拍摄的摄像机来说,简直会让人暂时放弃 4K 制作的想法,于是在 XAVC-S 下变换为高清方式应该有更广阔的未来。

视频拍摄设备的未来肯定是小型化,包括摄像机和相机摄影机的设计都开始走入这个趋势之中,但是使用附件往往会让体积变得大起来。录机和供电系统的体积无形中拖了拍摄设备的后腿,不只是索尼 A7S,松下 GH4 也没有走出这个泥潭,当然其他同类设备更未能幸免。不过我想,这类设备将来肯定会出一款机内记录 4K 的版本,但不是现在,科技是不断进步的。

必须使用录机才可以完成 4K 录制。

为索尼 A7S 设计的拍摄附件。

## 高感光

这款设备在各个细节都在 A7 的基础上得到完善，很多只有摄像机才有的功能已经完全落在索尼 A7S 身上，它的高感光性能应该才是真正卖点。初次使用时我粗略测试了一下高感效果，10 万级以上可用，但是这台机器有 40 万级呀。

有很多人说，使用蜡烛就可以拍电影之类的话。我想还没有到那个地步，而且影像制作绝对不是杂技表演。不过我倒是想用高感的画质来拍摄一个"纪录片"，这种小巧的机型和它的画面表现方式很适合做一个在低照度环境下拍摄特殊气氛的影片。

ISO12800 时画面可用。

最高感光度可达到 ISO409600。

**Tips：** 使用 S-log2 曲线后基础感光度的变化

1. 选择 S-log2 伽马曲线。

2. 索尼 A7S 的基础感光度变为 ISO3200。

**Tips：** 使用 ITU709 和 ITU709（800%）后基础感光度的变化

1. 选择 ITU709 伽马曲线。

2. 索尼 A7S 的基础感光度变为 ISO200。

3. 选择 ITU709（800%）伽马曲线。

4. 索尼 A7S 的基础感光度变为 ISO3200。

## 从 S-log2 谈曲线概念

　　对于伽马曲线的运用，在索尼 A7S 机身上或者说在整个相机摄影机身上都是非常重要的事情，因为这已经从根本上做到了可匹敌电影摄影机的改变。索尼 A7S 真正的亮点是 S-log2 曲线，这可以彰显索尼 A7S 的实力所在，有了这条曲线，35mm 全画幅和高感光才可以发挥出真正的作用。那么 S-log2 到底能干什么呢？

　　首先说说为什么要用到曲线。其实前期的光电转换方式提供不了符合我们需要的影像，比如色彩和宽容度表现都不够令人满意。另外，曲线可以用来模拟胶片质感。我们摒弃了胶片拍摄的复杂流程，但是有不少人喜欢那种梦幻的影像感觉。传统的主流感光元件提供的画面是线性的，如果要还原到人眼观看的感受，或者艺术一点的画面，那就需要有很好的层次过渡。这种过渡在胶片时代的数据曝

使用图片配置文件选项来打开伽马曲线功能。

选择 S-log2 伽马曲线。

机内有 7 条伽马曲线的预置方式。

使用索尼 A7S 拍摄色谱标版来测试曲线效果。

使用 S-log2 曲线后拍摄的视频截图。

光模型上，体现在曲线的"趾部"和"肩部"，这正是暗部和亮部的平滑过渡，早期电影画面的质感就是这种过渡方式。

在摄像的高级阶段，将十分注重研究曝光和色彩还原的问题。一根斜率为 45°的倾斜直线所代表的就是线性，它意味着输入等于输出，也就是所见即所得。但是人眼并不喜欢所见即所得，如果是商业经营的话，就没有利润。而且如果在影像上，这个"所见"其实是摄影机感光元件的所见，有时还不如我们的肉眼所见，那显然就更无法满足我们的需要了。

传统感光元件的宽容度只有 7 挡左右，但是电影摄影机有 12-13 挡的宽容度，那么不足的动态范围其实是通过数字方式延伸出来的，这种延展只能从暗部和亮部区域两侧开始。如果你看到暗部细节死黑一片，或者亮部高光溢出一片惨白，那么你应该明确地知道，曝光出了问题，侧漏了。

"趾部"和"肩部"其实就是这个延伸过程中的轨迹，有了平滑的过渡延伸之后，那么直线的状态就不可能了，它的形态应该是曲线的，于是曲线这个直观的词汇就诞生了。在很多和影像相关的行业中将这个名称叫作 Gamma（伽马），其实是一回事。因为在建立数学曝光模型时，这种输入和输出的延伸方式使用对数运算，所以在相应的称谓中将这个特定曲线叫作 log 曲线。之后才有各个厂家自己的曝光曲线，使用厂名加 log 的方式命名。S-log 其实就是 Sony-log 的简写，S-log2 就是 Sony-log 的第二代版本。

**Tips**: 在图片配置模式下, 曲线和感光度设置

**Tips**: 索尼 A7S 伽马曲线介绍

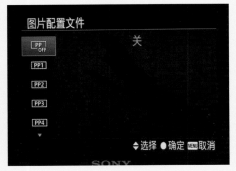

1.选择"图片配置文件"来打开曲线设置。

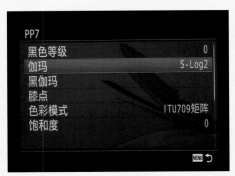

1.针对"图片配置文件"可以做详细设置, 有 9 种伽马可供选择。

2.进入菜单后,可以针对伽马和色彩模式进行设置。

2.除了动态标准伽马,还有电影伽马曲线设置。

3.针对不同的伽马曲线,可以有不同的感光度相匹配。

3.索尼 A7S 的亮点是在 ITU709 和 ITU709 (800%),以及备受使用者推崇的 S-log2 曲线。

## 从 S-log2 谈色彩

提升了宽容度之后，成像的亮度会发生改变，明确地说就是亮度被芯片数据运算给压住了。亮度和色彩是息息相关的，正确曝光代表着色彩还原真实，否则会造成极大的色彩偏差。

不过，在不同的感光元件和不同的显示设备上，每种介质的色彩还原都是不同的，这就像不同国家有不同的语言一样，下面要讲的是色域。色彩的区域就是色域，我们需要尽可能大的色域范围，尤其是更加精确的色域范围。在使用索尼 A7S 时，选择了 S-log2 的话也要做相应色彩方式的选择，它所提供的最常用的色彩方式就是 REC709，这是一个符合广电制作要求的色彩标准。

为什么需要 REC709 这个标准？其实它就是一个色域范围，使用它可以统一绝大多数影像显示产品。而且在不同色彩转化、对照过程中，需要一个标准，这个对应色彩数据的关系就是色彩查找表，英文是 Look Up Table，简称 LUT。这是一个非常有用的东西，如果你要走数字流程，就肯定离不开它。

为什么要用 LUT 呢？因为如果你使用 S-log2 之类的曲线，那么你看到的不是一个最终画面，而是一个蕴藏了丰富信息的过渡数据画面。看这样的画面会给拍摄带来不便，如果只用监视器来看画面的话，那么你得到的就是一个偏灰的低饱和度画面。这个画面降低了亮度，所以如果

伽马选择和色彩模式选择。

有 7 种色彩模式可供选择。

根据这个画面来进行曝光，基本会曝光过度 2-3 挡，由此获得的画面对于后期来说就没法用了。

可以把曲线拍摄形容成房子装修，你的最终画面其实就是手中的效果图，这也是 LUT 的作用。现在很多监视器上，LUT 数据可以直接导入，然后在监视器上看到真实的画面。而且很多 LUT 可以模拟不同的胶片成像效果，比如柯达、富士等胶片的色彩表现，将这种实际的色彩量化、数据化，从而形成一个又一个的 LUT，让它们来对应产生最终所需画面。

扫清了这些技术概念上的障碍，我们再来看索尼 A7S 中 S-log2 的意义就一目了然了。这相当于索尼把自己在数字影像上的法宝贡献到一款相机上，这台相机摄影机所能提供的画面应该是数字电影摄影机级别的。

**Tips：时间代码设置**

1. TC 指的是时间代码，UB 指的是用户比特。

2. 这是两种不同的时码记录方式，都是为了便于后期剪辑师使用的画面信息之一。

**Tips：端口展示**

1. 索尼 A7S 的端口。

2. 线卡附件。

3. 索尼 A7S 标配线卡，防止音频和视频线缆脱落。

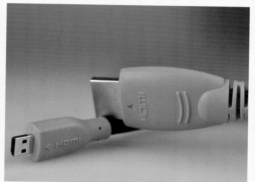

4. 索尼 A7S 使用的 Micro HDMI 端口线缆。

5. 索尼 A7S 使用的 Micro HDMI 端口。

6. 索尼 A7S 的线卡座，可配合 Micro HDMI 线缆使用。

## 胡 冰

导演、摄影师
北京影润文化传播有限公司创始人
DITChina 技术总监
曾任中央电视台《新闻联播》栏目导播
BMW 中国签约影视导演

**Q** 首先您从摄像机过渡到现在的相机摄影机，两种设备比较下来有什么不同吗？

**A：** 我觉得吸引从摄像机过渡到相机摄影机的原因，最开始还是被画面打动了，他们甚至摒弃了之前摄像机非常简便和自动化的功能。为了实现更出色的画面质感，他们才使用操作相对复杂的相机摄影机来完成影像创作。

**Q** 那您是怎么来选择使用这两类不同的机器？

**A：** 应该分清楚什么是大画幅机器或者传统广播级机器，因其画幅会导致画面风格的不同，也使得拍摄题材的适用性不同。传统机器更写实一些，更适合纪实、新闻或者演播室的拍摄，而大画幅的机器可能更适合写意类或者剧情类题材。这两者不是取代的关系，作为新型设备的使用者，我们应该知道面对不同题材的时候，并不是只能选择大画幅的单反机器来拍摄。

**Q** 你能简单总结一下这些设备的优势和劣势吗？

**A：** 相机摄影机最大的优势是用户可以用最小的成本来获得大型制作的画面感受，而且现在的设备从整体价格和画质来说越来越具有性价比，门槛也越来越低。而对于传统摄像机来说，它对于纪实类题材、新闻或者演播室节目，则能够保证画面的前景、中景、后景都清晰地还原出来。另一方面，它没法像创意类拍摄那样提前做很多准备工作。纪实类拍摄要求机器开机后，所有的曝光、对焦、白平衡都设为自动来获得最客观的记录，这个肯定是目前相机摄影机不太容易做到的。

**Q** 你如何看待 4K 这个话题？另外在视频全流程里你希望大家关注哪些问题？

**A**：4K 这个概念很好，它可以让大家看到更加精细的画面。4K 伴生出来的新的制作技术话题其实有很多，比如之前的 3D 话题。不过我个人觉得 4K 从前景还有制作流程上来说，都是一个值得推广的新兴技术。我记得在 2012 年，厂商们纷纷把其称为 4K 元年。元年作为启动的时机，那个时候大家常说之后怎么怎么样。到 2014 年的时候 4K 已经不是那么新鲜或者那么遥不可及了。

从前期拍摄来说，从高清到 4K 是不存在门槛的，从制作要求

胡冰工作照。

上看也不存在门槛，至于后期剪辑其实主流配置就可以满足了。4K 制作在细节上的难点，应该是一些周边产品的选择。从摄像师的角度来说，由于 4K 细节解析力更强了，从曝光到焦点都要求精细化操作，这始终都是重点。而且对拍摄的场景或者演员的选择，美术、服装、化妆、道具也需要谨慎起来，这是我的感受。

**Q** 你觉得 A7S 这样的机器其优势在哪些方面？

**A**：索尼 A7S 这款相机摄影机，在我没有看到样片，只看到参数的时候，就特别期待这款机器了。它的感光度可以达到 ISO409600，这是个前所未有的高度。另外它的优势是具有 S-log2 这个功能。最早

在使用索尼 F3 电影摄影机时，S-log 还是花钱去买的选项，到现在索尼 A7S 只要 1 万多就可以直接使用 S-log2 了。从这两种功能的加入可以看出，索尼已经从半遮半掩地去推广相机摄影机的动态影像拍摄，变成了明目张胆、大张旗鼓地进行宣传了，所以我认为这是自佳能"无敌兔"之后相机摄影机拍视频最大的一个革新。

**Q** 我也用这台机器，它具备 S-log2 或者 S-gamut。你能否通俗地解释曲线、色域的问题？

**A：** 首先从专业上来说，S-log2 就是增加宽容度、增加曝光范围，确实有相当多的用户对这个概念还没理解。他们只是听说过，但到底指的是什么呢？

宽容度和动态范围意思是一个东西。简单来说，假设你拍摄一张图片，动态范围从最亮到最暗，这个画面它所能够呈现细节的亮度范围是多少，这是比较笼统的定义，但是这个定义其实最重要的是强调细节。

为什么我们强调细节？你说我拿一个手机，到大街上去拍，最亮的能把天空拍下来，最暗的可能树下的阴影也能拍下来，但是它没有细节。天空就是白沙沙的一片，死白；阴影就是一片"疙瘩"，死黑。细节指的是你拍到天空时蓝天色彩的渐变，包括太阳光晕、云彩等。然后地面上、树阴下，可能有一些尘土或者其他细节。

胡冰在技术分享会现场。

**Q** 你用到的电影摄影机和索尼 A7S 的后期流程是怎样的？

**A：** 其实基本上是差不多的，我现在没有亲自测试过索尼 A7S 通过 HDMI 外接录机来录制 4K 分辨率的素材。但是我之前在很多项目里面，应用过别的 4K 流程方式，比如说用 F55 做 4K 机内录制。

其实它们的整个后端流程是差不多的，比如你都采用 S-log2 和 S-gamut 的话，那我们在前期拍摄的时候，摄影师要对焦点、曝光、构图有精确的掌握。生成的素材在后期流程里，第一步就是要做 DIT，有很多的软件，当然最实惠的是用"达芬奇"的免费版。之后我们可以套一个 LUT，给它转换成后期剪辑软件支持得比较好的视频编码模式。我这么多年一直都在用 Final Cut Pro，不管是索尼 A7S 的这个 XAVC-S，或者 F55 的 XAVC，它们都属于 XAVC 家族，都可以在"达芬奇"里面给它套色，然后生成 Prores 的 MOV 文件。如果像 F55 的话，我拍 4K，会变换到全高清，之后码流可能是 422Proxy，约 100M。生成结束之后，我在 Final Cut Pro 里进行剪辑。剪辑完成后，我输出一个 XML 文件，然后套回到"达芬奇"里，之后在"达芬奇"里通过内建的选项，能直接一步回批到原始的 4K 素材。这样你从分辨率、调色的宽容度方面来说，都已经达到一个最佳的状态，然后再输出。这也是全流程里既能保证最高质量，也能保证最高效率的一个标准流程，现在这个已经很成熟了。

**Q** 你现在做 DIT 用到的工具有哪些？软件和硬件设备有哪些？

**A：** 其实我也在不断地摸索中，现在用 BMD 的东西多一点，因为 BMD 的脚步很快，紧跟现在的制作潮流。而且性价比很高，贴近大众用户。我们先不讨论摄影机，只说它的 HD Link，现在有 3DLUT，这个我觉得够用了。它最简单的就是实现了现场监看和实时调色。在后端就是"达芬奇"了，包括色彩管理和数据管理，"达芬奇"

在这块现在都已经能做了。尤其最新的从 10 到 11，也加强了剪辑功能。

**Q** 最后一个问题，你有非常丰富的拍摄和制作经验，能否分享一些经验给读者？

**A：** 我觉得现在的设备性能已经越来越好了，所以就算你的专业水平差一点，你拍的东西也不会太差。但是如果希望能够发挥出机器最大性能的话，我觉得一定还要花点时间去了解你的设备，这一方面是通过厂商的产品手册，另一方面是在网上看一些其他人的应用经验，之后自己再来测试一下。

其实这个和导演的进修差不多，就是先理论学习，然后拉片进行实践。对于我来说，我拍摄或者干任何行当，都不会盲目自信，拿起机器上来就拍。我一定是对设备有一定把握之后，再进行拍摄。具体的经验谈不上，但是我希望对于制作者来说，一定要有一个意识，就是我们拍摄也好，做其他事情也罢，一定要有据可寻，要明白它的原理，这样再来使用，我觉得会事半功倍的。

第四章

# 镜 头

相机摄影机的镜头绝对不是一件简单的玩具，它需要通过镜片来校正光线，还需要通过不规则的镜片来调整镜头的变形和色散。然后在镜片之间安置悬浮镜头来校正抖动，或者一个灵敏的马达来进行自动且快速的对焦，这是镜头和机身信号的一次配合，它通过两种判断方式完成，相差对焦或者反差对焦，前者会快速一些。

而对于镜头的选择，这个纠结程度不亚于对于机身的选择。因为你会发现厂家提供的产品离完美总是差那么一点点，要么就是奇贵无比。但是你依然深陷其中，还恍惚地相信一个道理，你拍的没有别人好，这是因为你的镜头和机身没有别人的好。于是你一直和别人以及别人的短片做着身心对抗，通过攒钱买新设备来添补自己的自信。

对于相机摄影机来说，使用相机镜头来完成视频拍摄是一件让人为难的事情。后面的文字将会提到哪些镜头可以满足我们的需要，用哪些方式来确定我们手中的镜头是否胜任拍摄需要。

# 一、视角和景别需要

视角和景别是视觉表现的基础，我们挑选镜头也是以这两个要求为前提。这种选择同样也和拍摄题材有关，通常的拍摄业务有哪些？比如婚庆拍摄，几乎需要全焦段的镜头，表现环境使用广角，展现人物需要中长焦，静止的特写则用长焦来完成。如果只是简单的会务拍摄，那么只要兼顾环境和人物即可。

所以千万不要上来就说能给我推荐一款镜头吗？你起码要告诉推荐者你要拍哪些画面？在什么环境下使用？以往的拍摄类型是什么？我建议当你没有要求的时候，那么就用套机配置的镜头，

镜头的前组。

它之所以出现在机身上成为捆绑销售的镜头，就证明它可以满足绝大多数的场景需要。然后你从套机镜头，如 18-55mm、18-135mm 或者 17-85mm 镜头上来感受景别和视角对于视觉的不同呈现方式。你需要体会这种视觉差距，然后才知道自己真正喜欢哪种景别和视角，这样再去定位你的下一支镜头。

镜头的卡口部分。

# 二、变焦和定焦

定焦镜头和变焦镜头有什么不同？它们最大的区别是焦距是恒定的还是变化的。依然没有一款镜头会让你完全满意，因为所有的镜头必须搭配使用。如果影片类型以记录为主，那么我会用变焦镜头来完成拍摄，这和拍摄主题有关。如果你没有时间针对不同场景来更换镜头，而又需要快速地将画面拍摄下来，还要快速地调整景别和不同的视角，这时你需要一支变焦镜头，甚至变焦比越大越好。这些都没有问题，你丝毫不必因为拿出 18-200mm 而觉得不够气场。

此外，你需要明确镜头的最佳表现焦段和光圈，往往在广角端和长焦端都不是变焦镜头的最佳焦段，最好选择一个居中的焦段，从而获得较好的成像效果。

你只要找一面砖墙、一些报纸以及色彩不同的物体，就可以测试自己手中的镜头。横平竖直的砖墙可以快速测试出镜头的边缘畸变情况，这种变形要么是向外张开的，要么是向内压缩的。总之，你了解这些变形之后就要避免它的出现，不要把你拍摄的主体和线条明确的物体放置在

相机摄影机的首选肯定是电影镜头，从细节上看它更加完善，更符合使用者需求，但是价格也更昂贵。

佳能 85mm 定焦镜头。

佳能 30-105mm 变焦镜头。

镜头边缘位置。

报纸上的文字和多种色彩的物体可以分别测试出镜头的分辨率和色彩还原。对于视频来说，相机摄影机的分辨率已经足够高了，而且镜头的分辨率也不会低于 1080 线的高清标准。还是之前那句话，镜头总有一个最优的焦段，或者最让你自己满意的焦段。你要找到它。

对于定焦镜头来说，它们的成像的确会好一些，但是价格也在那里放着。这种好是对于创意画面拍摄来说的，即使是电影拍摄也是定焦镜头和变焦镜头搭配使用，并不是说定焦镜头可以搞定所有的拍摄场景。所以从这个层面来分析，坦白说，这些东西是没有好坏之分的，关键是看拍摄类型。我曾经用 600 多元的佳能 50mm F1.8 拍过一个低成本 MV，全片只用了这么一支镜头。

定焦镜头中，如果需要简化，那么我肯定要留一支微距镜头，这对于拍摄很有帮助。我有一支佳能老款的 100mm F2.8，它很好用，而且也很皮实。在变焦镜头中用到较多的是 70-200mm F2.8。广角或者中焦的镜头很多，定焦也不难找到，但是谁想带着一支长焦或者超长焦的定焦镜头出门呢？这支镜头的长焦够用，而且 70mm 端也可以应付很多主流拍摄，如果感觉还不够长焦，那么就转换到 APS-C 画幅的设备上使用。

# 三、恒定光圈和浮动光圈

镜头还可以按光圈分为恒定光圈和浮动光圈。恒定光圈的镜头大都很贵，而且光圈还有越来越大的趋势，如达到 F1.2 或者 F0.95，如果条件允许的话，恒定光圈定焦镜头肯定是首选。当然对于没有足够预算还想得到不错的画质表现及操控感的用户来说，还是有些纠结。

如果让我选择，恒定光圈的镜头肯定不会放过，但是我并不考虑太大光圈的镜头。若也不考虑镜头口径之类的问题，我感觉 F1.8 或者 F2.8 就挺大了。我还经常使用

恒定大光圈 T1.3。

恒定光圈 T3.1。

专业电影变焦镜头，
恒定光圈 T2.8。

多叶片光圈的设计可以让光孔更精准。

优秀的镜头镀膜。

24-105mm F4 镜头，即使是大光圈镜头，我同样也会收缩到中间值，而不是动不动就将光圈开到最大，显然那种方式的画质并不好。

浮动光圈的镜头就是在广角端和长焦端有不同的最大光圈，如佳能 18-135mm 套机镜头。虽然这是一款光圈为 F3.5-5.6 的入门级镜头，但是设计和手感已经很棒了。你需要明确的是在一群不完美的设备中，找到适合自己的设备。

# 四、焦距转换系数

镜头在全画幅相机和 APS-C 型相机中使用时，因为像场，会产生兼容问题，APS-C 型相机可以兼容全画幅镜

福伦达 MFT 镜头，具有很好的手感。

头，但是焦距会发生变化，而且焦距的转换系数并不是固定的，因为感光元件的尺寸并非每款相机的数值都是完全一致的。转换系数是非常有实际价值的，通过它我们可以得到确切的焦段范围，这是寻找到合适景别和构图的前提。具体的计算方法很简单，只需要使用勾股定理。

使用全画幅感光元件尺寸 24×36mm 来计算出对角线长度 43.27mm，一定要记住这个数值，这是 35mm 胶片的对角线尺寸，所有焦段的镜头都可计算出一个等效于 35mm 画幅焦段的数值。我们只需用 43.27mm 这个数值来除以其他设备感光元件的对角线长度，得出的数据就是焦距转换系数。然后将这个系数乘以手中的镜头焦距数值，就可以得到实际的焦距数值了。比如我们使用 18-135mm 镜头，其实就是为了在 APS-C 画幅相机上得到约 25mm 到 200mm 的焦段。

# 五、焦段选择

选择镜头焦距是一个化繁为简的过程，真正的大师大都只使用一到两支镜头。这也许有些太过刻意了，但是的确镜头数量要精简，拍摄要持之以恒。

每个人都有自己喜欢的视角，要在不断的训练中找到让自己熟识的视觉感，而不要让数值说话。看到不同的焦距来判断视角是科学的，我们必须把焦距和实际的画面联系起来，这样才有感性的认识。我过去就不喜欢50mm镜头，感觉这是一个高不成低不就的焦段，总是感觉35mm或者24mm可能对于拍摄会更加适用。但是在具体使用中，事实并不是这样，50mm镜头的真实视角还原会让人很喜欢。我们应该把画面归还到拍摄的过程之中，而不是广角或者长焦的焦距数据之中。

广角到24mm就挺好了，大于24mm的广角会缺少稳定感，而且变形会特别严重，不过后期剪裁一下中心画面还是可用的。但是畸变在视频这样的连续画面中是灾难，你要总是想拿着一面哈哈镜来完成拍摄，那么你逐渐就会对画面没有主见了。摄像师应该把自己的视觉沉浸在优质且有内涵的画面之中，而不是让变形成为常态。

35mm和50mm都是常用的焦段，你要知道使用这些镜头大致能得到多宽广的画面，这样看景才准确。然后再来计划画面中人物和景物之间的比例，这是必须由训练来完成的，凭空想象是达不到目的的。

然后100mm和70-200mm镜头也是常用的镜头。

对于镜头选择我再推荐一种方法，就是借用你身边朋友的镜头，用一次之后再做决定。而且不要去数码体验店里试用，而要带着镜头走到场景之中去，这样才能找到合适焦段的镜头。

# 六、卡口

卡口这个话题牵扯到厂家卡口标准和法兰距常识。其目的是为了让你手中占有量最多的镜头发挥威力。

卡口总是阻碍我们的选择和判断，然后就出现了转接环这样的附件。常用的佳能EF卡口、尼康F卡口，或者4/3镜头卡口已经可以单向转换了。超短的法兰距和低廉的转接环价格都在串连着这些复杂的卡口，而且还有很多副厂镜头也在帮助我们得到更高的性价比。所以卡口不是问题，关键是你有没有下决心来用好这支镜头。在卡口的互相转接之中，像场可能会出现问题，出现暗角或者对焦问题。

佳能专业电影镜头的卡口。

EOS 转换 4/3 系统的转接环。

4/3 接口转接环。

### *Tips*：镜头转接环

1. 转接其他镜头的目的是为了得到更好的画质，比如转接的这支镜头，其镀膜一流，大口径设计，可以更好地提升通光量。

2. 索尼 LA-EA2 电子转接环，它可以完成 A 卡口和 E 卡口的转换。

3. Kipon 生产的尼康 F 卡口转 E 卡口转接环。

4. EOS-NEX 镜头转接环，可以实现从 EF 卡口到 E 卡口镜头的转接。

5. Metabones 生产的 EF 卡口转 E 卡口转接环，可以通过电子触点完成信息传递。

**Tips**：索尼镜头

1. 使用索尼大画幅摄像机经常用到 4 支镜头 16-35mm、85mm、135mm、70-200mm。这包括两支变焦镜头，覆盖广角和长焦焦段。另外，还有两支优秀的定焦镜头，拍摄人像和小景深画面，会让人惊喜不断。

2. 镜头光圈清晰可见，并且通过原厂转接环连接后，可以通过光圈拨轮进行控制。

3. 转接 16-35mm 镜头，对于不同的景别都有上佳表现。

4. 135mm F1.8 定焦镜头是极为推荐的一支镜头，成像画面质感优异，具有真正的电影感。

第二篇

应用篇

第五章

# 虚实能力

# 一、焦点和景深

焦点是一个不可回避的话题，从静态影像到动态影像，从早期摄影一直到现在的 4K 超高清视频，百余年来人们一直都为了得到清晰的焦点而努力。很多人总是谈镜头的"味道"，其实这不就是焦点的清晰度和焦外空间的成像虚化效果给人的综合感觉吗？使用相机摄影机的朋友们当然也不例外，否则为什么总是想要大光圈，总是想要转接昂贵的手动镜头呢？

## 焦 点

焦点是摄影和摄像的基础，清晰的质感和明确的焦点可以让画面言之有物，而这个"物"就是视觉的兴趣点。我们谈论构图和景深问题时，都不能抛开焦点而独立存在。

### 影像基础

清晰是影像传达的基础，模糊或虚化用于强化传达的效果，或者使其具有更好的艺术表现。谈到使用相机摄影机拍摄 HD 或者 4K 视频，其实很大一部分工作就是在解决焦点问题。由于相机摄影机存在对焦和跟焦的一些设计弊端，我们必须使用附件来完善对焦和跟焦能力，以确保视频画面是清晰的。

在以往标清和高清视频的拍摄中，标清的清晰度不高，所以稍微有些焦点问题还说得过去；升级到高清拍摄后，焦点的问题就被放大了，一旦出现问题就无法修补。再到 4K 阶段，视频画面简直太清晰了。如果摄像师的基本功不过关，那么重复拍摄就是一个绕不过去的话题。焦点看似简单，但是难住了很多摄像师和摄影师。从设备的功能设置上证明，越是高级的设备，对于基本参数的设置越丰富。比如焦点，在对焦方式和焦点确认的方式上，大型摄影机围绕这个点全面展开了功能强化。

### 手动对焦

手动对焦是相机摄影机的主流对焦方式。在使用手动对焦之前需要将机身和镜头的对焦方式都设置在手动对焦（MF）模式上。

在使用上其实没有什么秘诀，我们必须经过反复训练才可以让焦点完美呈现，这显然是一个慢工出细活的过程。要知道，手动对焦的问题并不只是对焦速度慢，更让人头疼的是你要反复对焦，因为你不知道焦点确切的呈现感觉。要么会稍微虚一点，要么刚看到焦点清晰，但是手已经转过了最清晰的位置，这种反复让

焦点的清晰和模糊。

焦点总是飘忽不定。好在很多人喜欢这种感觉，他们认为这是一种模仿 MV 那种高级的画面感觉。

### 自动对焦

现在也有一些相机摄影机是可以在拍摄视频时自动对焦的，比如佳能 EOS 70D。它使用 CMOS AF 技术可以在感光元件上实现快速连续的自动对焦，这对于固定场景的拍摄很有帮助。

但有时我依然会把它的自动对焦功能关掉，因为虽然它对明亮的固定场景反应的确很好，可是当场景变化较快，或者画面中主体运动较快，或者在无反差环境下，比如你在白色墙壁前拍摄一个身穿浅色衣服的美女，那么它的对焦就会出问题。它的确可以对焦，但是那个焦点并不一定是你想要的，它们往往会对背景优先对焦，因为主体没有

摄像师和跟焦员分工合作进行拍摄。

使用跟焦器进行焦点选择。

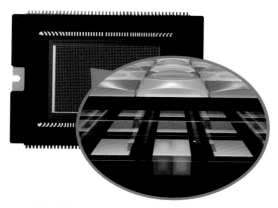

"全像素双核 CMOS AF"结构，可使 CMOS 图像感应器上全部有效像素同时具有成像和相差自动对焦的功能，实时显示及短片拍摄时的自动对焦性能也显著提升。

CMOS AF 示意图。

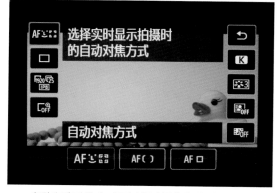

多种自动对焦方式可以帮助摄像师应对不同的对焦环境。

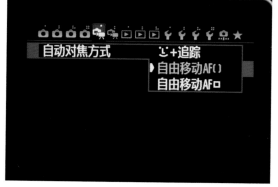

相机摄影机上的自动对焦方式。

反差。另外，在昏暗的环境下，会出现对焦时滞，能明显感觉相机摄影机的对焦速度变慢，甚至出现那种虚虚实实的画面，还不如使用手动对焦。不过不要因为这点就不喜欢它，其实这个功能可以解决绝大多数场景的问题，毕竟自动对焦不如意的环境只是很少的一部分。

另外索尼 A 系列相机中也有很多可以完成快速自动对焦的产品，比如索尼 A99，它的对焦速度也是令人满意的，但是同样会出上面介绍过的问题。不过想想我们使用过的摄像机产品，其实这个问题是一直存在的。

很多相机摄影机有数字变焦功能，但这种方式是以焦点放大的方式来进行变焦的，会影响画质，所以建议关闭这项功能。

使用相机摄影机的自动对焦功能，对焦过程也会被拍下来。

**Tips：对焦和测光方式**

1.在相机摄影机中有不同的对焦方式，而且各个厂家的称谓也不同，其实无非就是自动对焦和手动对焦而已。通常选择手动对焦，不过也有一些自动对焦功能尚可的相机摄影机，分清使用场景就可以很好地利用这些功能了。

2. AFS 是 Auto Focus Single 的缩写，也就是自动对焦，适合拍摄不同的物体。AFF 是 Auto Focus Flexible 的简写，是柔性自动对焦，适合拍摄预先对焦但会移动的物体，如宠物和儿童。

3.选择连续对焦模式。

4.选择手动曝光就无所谓测光模式了，不过它可以让相机摄影机预先给出一个光圈值，类似于摄像机中的 Push Auto IRIS 功能。

# 景 深

景深的概念很简单，就是焦点清晰的范围，人们喜欢用小景深和大景深来描述这种景深的程度，总之它就是一个纵深范围的概念。

景深的大小与很多参数相关，大光圈（F 数值小，比如 F1.2）可以产生小景深，长焦距（焦距数值大，比如200mm）也可以产生小景深，尽量靠近被摄物也可以产生小景深。反之则可以得到很大的景深。

　　运用景深是一个很重要的拍摄技巧，景深就是焦点的范围，是一个清晰区域。只要在景深范围内，那么焦点无需控制都会清清楚楚；但是出了景深的怀抱，那么焦点就会很虚。

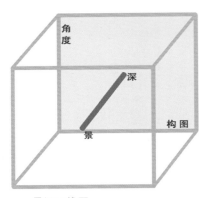

景深三维图。

小景深画面效果。

景深适中。

小景深。

在景深范围内，即使拍摄快速多向运动的被摄主体也可以保证焦点连续清晰。

# 二、对焦技巧

了解了焦点、对焦方式和景深，我们就可以了解镜头的脾气和习性了。得到清晰的焦点从此变成一件简单的事，而投其所好就是一个不错的选择。

## 使用景深

很多人非常喜欢小景深，但是小景深的操作却非常难，焦点的问题击败了很多人对小景深的尝试。没有办法，你必须经过练习，并且使用三脚架和跟焦器等附件，或者靠气沉丹田来完成。

不过在通常情况下，要得到清晰的焦点却并不是难事，

小光圈得到更大的景深范围，可以让前景和背景都得到很好的表现。

开大光圈，焦点在无限远时，前景被逐渐虚化。这种前景可以让画面更加朦胧，更有装饰感。

再开大光圈，前景更加虚化，这是很多使用相机摄影机的摄影师喜欢的一种画面形式，它可以让画面丰富，也可以在主体清晰的前提下使用前景装饰画面，而且虚化足够。

开到最大光圈，前景完全被虚化掉。相机摄影机使用者喜欢用玻璃材质或纱质前景，这些材料更容易产生炫光或者色彩的跳跃感。

小景深突出主体。

全景深让画面变得杂乱。

只要让你的焦点在景深范围之内即可。

我们要尽量让人或物体在景深范围内运动。在剧情片中设计这些运动的人就是摄影指导，人物的运动和摄像机的运动要填在这个空当之中，这样焦点的反应会很好。对于会议、婚礼、广告的拍摄来说，这种方法也很有用。千万不要看不起业务类题材的拍摄，当你乏味地拍摄会议时，你可以想这是为拍电影做准备，你的梦想是电影，这样就不会看不起手中的活儿了。

## 超焦距景深

使用超焦距可以得到更大的景深，换句话说，这样可以得到尽可能大的焦点清晰的范围，这非常适合拍摄纪录片。

当你对着无限远进行对焦时，从无限远的位置一直到你能接受的，靠近镜头位置的景深，就是最大景深了。而超焦距不是超级焦距，它的意思是超过了对焦范围，只要不在最近对焦距离以内，那么一切就都是清楚的。你无需为焦点的问题伤脑筋了，因为改变焦点范围，也就是景深的数据不再是看聚焦环了，而是看变焦环和光圈，或者是焦距和通光量的大小。

你可以用这种方法去盲拍，先确定一个靠近镜头最近的清晰点，只要不突破这个距离，就可以得到全程清晰的焦点。当然，你也可以直接用长焦端进行远处物体的对焦，然后再缩小焦距把画面拉出来形成广角画面。总之，只要你把你认为最远处的物体对焦对实了，那么你变焦范围内的物体都会是清晰的，但尽量不要靠近被摄物体。

## 运动对焦

你已经掌握了使用景深来获得大的清晰范围，但是你不能像摄影那样一动不动或者只动那么一下，你需要全程运动时怎么办？

在运动对焦的过程中技巧很多，但是首先你要知道自己的运动方式是怎样的。推拉摇移是关于摄像机运动的经典描述。在这些运动中有两个概念，我们将起始画面叫作起幅，将终止画面叫作落幅。

简易跟焦装置。

双轮跟焦器和跟焦鞭。

跟焦器上的部件。

USB 跟焦器。

跟焦器上的物理止点是非常重要的。

在由起幅向落幅运动的过程中，推拉摇移都是以静止—运动—静止的方式完成一个完整的画面。在运动过程中，可以允许焦点是模糊的，因为相机摄影机和人物都在运动，景深不一定能包裹住这样的运动，这是情有可原的。但是在运动前和运动后的两个静止画面中，焦点不清晰则会一目了然地表现出来，因为它们会静止，会像图片那样一动不动。最后结论就是，你需要对起幅画面或者落幅画面进行对焦，强调哪个画面就要着重关注那个画面的焦点。

除此之外，你还可以请一个跟焦员，在运动过程中由摄像师来完成摄影机的运动，让跟焦员来控制焦点。我抱怨过相机镜头的行程问题，而拍摄这些运动画面时就深有体会。我最早使用相机摄影机，曾经给镜头上粘过无数的双面胶，然后将两个焦点位置标记在双面胶上，从而在运动中得到清晰的焦点。不过拍物体显然比拍摄人简单得多，摄像机和人物运动的同步要求，很考验彼此。

## 陷阱对焦

这种对焦方式其实适合偷拍。

陷阱对焦其实就是为你的被摄对象设置一个景深陷阱，当其进入景深清晰的范围之后，即刻按下录制键。你可以使用超焦距方式来拍摄，但是这样主体不够明确。尤其在你进行陷阱对焦，但是猎物并不想移动到你的陷阱之中，你又不敢走得更近时，该怎么办？

在这种环境下，你要学会估焦。这是一种传统的拍摄方式，估焦就是估计焦点清晰的范围。我有一台甘光产的仿宾德傻瓜相机，镜头上没有焦距刻度，只有几个标志，分别是风景、合影、肖像的图标。当你选择了风景，显然就是大广角超焦距的方式；当你选择合影和肖像，景别会推进，焦距也会增大。这就是估焦的方式，你不用知道明确的数据，只要考虑场景就可以了。

这种估焦理论可以形容为一个等腰三角形，你是顶点，被摄物和参照物分列两边，你和他们的距离就是几乎相等的焦距。不过这些东西我认为你不必记，去偷拍一次，估焦的操作就有了记忆，对于接下来的拍摄简直受益匪浅，你一辈子都不会忘记这个技巧。

**Tips：对焦模式和对焦区域**

1.以索尼 A7S 为例，在对焦模式中可以选择多种对焦方式。

2.其实和视频拍摄绑定的对焦模式最理想的就是手动对焦方式了。

3.也可以对对焦区域进行选择。

4.多种对焦区域，如"自由点"、"广域"、"中间"等。

Tips：峰值对焦的使用

1.使用峰值方式来标示焦点，对于手动对焦来说是非常有用的一项功能，它可以在焦点清晰的位置用色彩进行描边处理，表示焦点清晰与否。

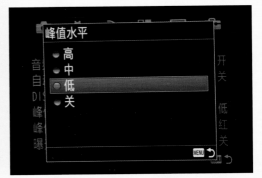

2.可以选择峰值标示的水平值，也就是色彩描边效果的宽度。

3.峰值色彩则是选择使用何种色彩来描边。这些颜色都是纯色显示，可以和画面中的景物有明显的分别，使用起来很清晰。

4.使用红色来显示焦点的峰值标示。

5.使用黄色来显示焦点的峰值标示。

6.使用白色来显示焦点的峰值标示。

**Tips：焦点放大的对焦辅助功能**

1.选择"对焦设置"中的焦点放大功能，并使用手动对焦方式。

2.手动对焦之后中心对焦区域被放大。

3.进行焦点选择。

4.进行对焦。

5.焦点放大配合峰值对焦功能，让画面的焦点更加准确。

**Tips：**使用相机摄影机的焦点放大功能

1.以佳能"无敌兔"为例，将镜头设置为手动对焦模式。

2.使用焦点放大功能，可以选择5倍和10倍放大。

3.在5倍放大状态下进行对焦。

4.在10倍放大状态下进行对焦，千万不要忘记这是焦点放大的辅助功能，不要在这种模式下进行构图。

第六章

# 明暗能力

我小时候一直有个疑问，电影是怎么拍出来的？为什么能把光写在那些胶片上？其实这个过程叫作曝光，在胶片时代是一个感光的过程，在数码时代则是一个光电转换的过程。曝光讲述的是这个过程的总称，而我们很多时候谈论的曝光，其实是"曝光量"的简称，我们在之后说到的正确曝光、曝光过度、曝光不足等，都是说明曝光量的程度是刚刚好，还是过度了，还是差那么一丁点。

# 一、曝光和曝光设置

曝光正常画面。

曝光过度画面。

曝光不足画面。

曝光作为一个过程，其实就是光线使胶片的感光乳剂发生了化学作用。相机和摄像机都是同样的，只是这个方式是否连续而已，一次产生一张图片就是摄影，1秒钟产生24张图片且连续起来就是电影。

数码时代也是同一回事，只是曝光发生在数码感光元件上，要么是CCD要么是CMOS，它们用光电转换的方式来完成数据转化。曝光离不开光线，所以谈曝光必须先来说说光线。

## 光　线

保证曝光量其实就是保证光线充足且恰到好处，光线太暗和太亮都不行。无论哪种拍摄，都需要使用光线作为曝光工具和造型工具。很多人充满诗意地说，摄影是光与影的艺术，其实所有影像艺术都是光与影的艺术。我们必须在拍摄中学会用光，让它产生理想的光影效果，让这些光恰好可以满足胶片的曝光量。这是一件很困难的事情，往往在拍摄的过程中，人们甚至连曝光量都出错，光影造型更是别谈了。

　　控制光线是得到正确曝光的前提，在控制的过程中，你可以使用光圈、快门速度、曝光补偿、感光度（ISO），下面我会针对这几个参数和参数之间的关系给大家讲解，这部分内容很重要，直接负责给观众带来的视觉感受。

　　匀称的曝光既要注意亮部，也要注意暗部细节，这其实是一种折中的曝光方式。摄像师也可以有目的地进行某种视觉印象的强化。

清晨自然光形成的反差画面。

曝光不足时具有力量感，主体细节明显。

曝光过度可以更好地突出主体，和背景进行分离，但是会失去主体细节。

正确曝光可以得到很好的明暗过渡。

**Tips**：曝光模式选择

1.和相机一样，相机摄影机也有手动、快门优先、光圈优先和程序曝光模式可选。

2.为了更好地控制相机摄影机，依然是手动曝光方式更为靠谱。

缩小光圈形成星芒高光点，适当控制曝光量，强化水面波光粼粼的感觉。

光影斑斓的自然光其实就是有光比的自然光，如果反差太大就需要使用人造光源补光，或者通过相机摄影机的宽容度来保证曝光正常。

## 光 圈

　　光圈是一个很直接的控制光线的方式，数值越小代表光圈开口越大，数值越大则代表光圈的开口越小。后文说到的大光圈其实是光圈开口的大小，明确这一点之后就不会混乱了。

　　相机使用的镜头对于光圈数值的描述用 F 制，通常可以看到 F1.2 或者 F22；而电影则使用 T 制光圈。我们在使用相机摄影机的时候，有可能会接触到这两种不同的镜头，相机镜头价格相对低廉，电影镜头价格则相对高昂，但是随着相机摄影机的出现也在不断降价。

在光线强烈的时候使用小光圈，在光线阴暗的环境下使用大光圈。这种变化方式就像猫的眼睛，晚上瞳孔放大，中午瞳孔缩小。大家都喜欢镜头光圈放大的效果，因为光线饱满，而且大光圈还可以得到小景深。你会发现这些参数很复杂，既要保证曝光量，还要保证光影造型，又要保

## *Tips*：观察直方图

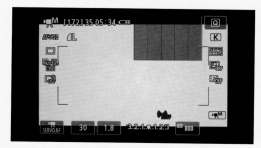

1.完全曝光过度画面，直方图中没有波形显示。

2.适当缩小光圈，画面逐渐出现，直方图中显示出亮度波形。

3.继续缩小光圈，画面细节逐渐出现，直方图中的波形向中心位置偏移。

4.逐渐达到曝光正常，直方图的波形已经向左侧暗部延伸。

5.通过曝光过度光标尺和直方图来找到正确曝光。

证景深和焦点。但只要你熟加运用，就可以如鱼得水。

## 快门速度

快门速度在互易率中和光圈是此消彼长的关系，也是曝光中的一个重要角色。有一个专业词汇叫快门角度，它其实和快门速度是一回事，但它是一个电影摄影机词汇。这和电影摄影机使用滚动式快门的设计有关，这种快门是一个会旋转的圆形铁片，通过铁片圆弧开角的大小和摄影机的格数来调整胶片曝光速度。不过这种方式在数码时代已经没有了。

如果你购买的相机摄影机里是快门角度的设置，你就要使用公式来换算快门速度了，这个公式是：快门速度 =（帧数 ×360）/ 快门角度。通常需要记住两个数据，快门角度 172.8° =1/50 秒，快门角度 180° =1/48 秒。这是两个常用的数据，尤其是 172.8°，它会告诉我们一个规律，开角越大，快门速度越慢。用这个作为标尺，你就可以随意得到想要的高速快门或者低速快门了。当然，在电影拍摄中，光孔和开角的测定需要使用测光表，这里说的相机摄影机的使用，大概有个估值就可以操作了。

快门速度的选择需要注意的问题是，这些速度是和视频的帧速率挂钩的。你会发现，当你使用相机摄影机时，选择快门速度最低是不能低于 1/30 秒的。而且对于不同运动速度的物体，要有相应的快门速度，只要你有摄影基础，这些就都明白了。

## 曝光补偿

曝光补偿是针对曝光效果的微调，因为光圈和快门速度自动搭配产生的曝光量有时无法达到精准的程度，那么就需要使用曝光补偿来精准微调。你可以理解成它是小数点后面的数值。

它会在一个估值范围内供使用者选择，比如在 ±3 挡之间选择，每一挡又可以分为 1/3 挡，这样精准度就是 1/3 级的了。曝光补偿是相机使用的概念，而在摄像机上这种曝光补偿被称作增益，这是一个在数字领域通用的词语，无论音频还是视频都用它来表现程度和趋势，具体的程度我们称它为电平值。电平值你可以理解为数量，比如音频电平高，其实就是音量大了。增益值就是信号放大的数值，去过 KTV 的人都可以理解，你去唱歌其实麦克风会连接相应的信号放大器，叫作功放，是功率放大器的简称。摄像机的视频信号也需要使用功放，只不过它很小，只是一个小元器件而已，当使用光圈和快门速度无法再精准调整曝光量时，就需要通过对信号的放大或缩小来微调，信号放大就会更亮，信号缩小就会变暗。它们的单位是 db，一般 3 个数值为一个量级，通常可以看到的增益提升空间是 3db、6db、9db。当然这个也有负增益，这是考量摄像机的一个很重要的指标，比如 –3db。

我就习惯设置负增益参数来进行拍摄，它可以让画面更加细腻，让暗部更加平滑，而画面的亮部也不至于刺眼，这样可以控制整体画面效果。同样我在使用相机摄影机的时候，也会将曝光补偿降 1/3 挡左右，从而得到精细的画面。不过这最终是要和影片的整体视觉感觉绑定的，你也可以选择增加曝光来体现明亮的感觉。

不过，增加曝光量或者提高增益往往会带来对比度的问题，使影片缺少反差，还会出现噪点。当你拿到一款新设备时，一定要做曝光实验，知道它的曝光量范围，了解

使用自然光，侧逆光光位，需要调整曝光量或者为前景补光，以保证曝光均匀。

使用自然光，侧逆光光位且光源入画，形成高光点，需要调整曝光量或者为前景补光。

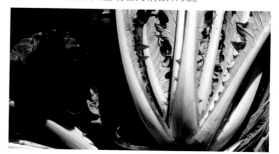

倾斜角度的自然光，形成高光比画面，亮度过渡平滑。

**Tips**：找到曝光过渡点

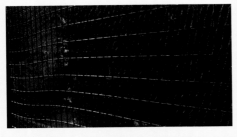

这3张视频截图分别由曝光不足到曝光正确，再到曝光过度的画面。3张截图分别拍摄同一个铁丝网格，我们可以看到网格中纵横交错的铁丝，从而明显地看到光线的过渡。即使曝光不足和曝光过度这些曝光不正常的画面中，也有曝光正确的部分。这也就说明，在光线过渡的过程中，我们只要找到过渡的点，并且保证这部分的曝光，就可以得到一张曝光基本正确的画面。这个过渡的部分，就是光线在画面中的均衡点，用它做标准，画面影调就可很好地拿捏了。

它增益在正负多少或者曝光补偿多少区间内可以安全拍摄，这样就不会出现噪点，且画面平滑细腻。

## 感光度

传统的电影摄影师在拍摄电影前需要针对使用的胶片进行曝光测试，我们现在要做的是测试感光元件，其实是一个道理。这种测试除了安全曝光范围的测试外，还有一个重要的数值测试就是感光度。

感光度在胶片时代是一个标准数值，它代表胶片的感光能力，在数码领域中，依然使用这个参数来代表感光能力。胶片时代的曝光测试是为了让感光度使用起来更稳妥，因为不同批次胶片的稳定性不一样，电影摄影师在看到剧本后，就要明确这部戏分别有哪些场景，这些场景的亮度级别如何。比如一场夜晚的室内戏，又要有恐怖感，那势必不能让画面太亮，不能使用太多的灯，而需要使用高感光度胶片，但是所使用的胶片是否可以达到标准这就需要做测试了。

数码时代的曝光测试是针对亮部或者暗部噪点抑制状态进行的。现在相机摄影机都有很高的感光度，比如索尼A7S可以达到ISO409600的感光度，不夸张地说，在一根蜡烛的光线下就可以进行拍摄了。但是高感光度会产生画面噪点，数码和胶片都是如此，给出的高感数值只代表它的感光能力，并不代表使用它可以拍摄出令人满意的画面。这就如同汽车的速度表，最高时速是 220 迈，但是真正开到这个速度的人很少，不安全。感光度说的也是这个道理。

不过当你使用光圈、快门速度组合距离正确而曝光值还差一大截的时候，你就可以通过感光度来大范围调整曝光。很多使用者甚至把 ISO 设置成 AUTO，在不同光圈和快门速度的前提下，完全依靠相机摄影机的感光度范围来得到曝光。这也是一个有效的方法，但是需要摄像师有大量的训练，否则噪点会不知不觉跳出来。

## 宽容度

曝光还涉及宽容度，体现胶片的感光范围，介于多暗到多亮的范围内胶片可以得到曝光，这个区间就是宽容度。在数码领域中，这个词被很多人称为动态范围，其实是同一个东西。宽容度或动态范围使用挡作为度量，很多数字电影机可以达到12 挡或者更高的宽容度，这就说明它的感光范围非常大，在 12 挡光圈的范围中都可以得到正确的曝光值，也说明它可以适应光线强弱不同的许多区域。在衡量一款影像产品的好坏过程中，这个值至关重要。

高宽容度能给我们的画面匀称的曝光，丰富的细节。很多人这样来形容宽容度："高光有层次，暗部有细节。"这可以很好地表述高宽容度带来的好处，针对反差很大的环境，它可以保证高光和暗部的曝光量。而这种高反差的环境比如沙漠中有一棵大树，你站在树下纳凉，阳光强

索尼 A7S 的最高感光度可以达到 ISO409600。

**Tips**：感光度和增益的设置

1. 在相机摄影机中往往会有一些对于增益的设置方式。

2. 以松下 GH4 为例，我们看到 ISO 和 dB 的设置是通用的，所以不必纠结一些术语，在摄像机上的增益和相机摄影机上的 ISO 在使用目的上是一致的。

正午的阳光垂直射出，所以照度均匀且无明显反差。

高反差画面，前景曝光不足呈现完全的黑色。

能够体现出宽容度的画面效果。在逆光的环境下，前景曝光过渡均匀，天坛檐下的位置依然有细节，并不是死黑。

烈。这时既要让阴影中的你看上去一清二楚，甚至要看到你衣服上的花纹，还要让强烈阳光的天空中云彩朵朵入画。首先这是一个明暗高反差的场景，然后要用高动态范围去针对性解决问题，高光的云彩层次丰富，暗部的人物衣饰花纹细节毕现。这就是一个完美的画面。

当你有经验的时候，可以用肉眼看出大概反差的级别，但是如果未经大量训练，你得用测光表测出曝光数值。现在有很多测光表 APP，随便选一个装在手机上就可以了，既省钱又能帮助我们得到亮度精准的画面。我试验过，这些 APP 是值得信赖的。

## 通光量

很多人喜欢大光圈镜头，其实这些镜头也会配备大的镜头口径，这些大口径镜头可以带来更多通光量。对于曝光而言，大的通光量可以让曝光更加丰满，在这里只简单地提一下这个概念，这对于选择镜头很有用，你应尽量选择口径大的镜头。

# 二、影调处理

　　曝光是摄影和摄像中关键的技术之一，通过曝光，感光元件或胶片才可得到影像，合适的曝光量控制着影像的明暗。通常情况下，要追求曝光正确，曝光过度和曝光不足都是错误的，但也有的时候错误的曝光才有艺术感，才能创造特殊氛围的影调。

## 光　量

　　要了解曝光，首先要了解光量。光量在特定的环境中不是一成不变的，而是随时根据光线的强弱变化的，每次正确曝光所需要的光量就是合适的光量。多一分则曝光过度，少一分则曝光不足。

　　对于光量的控制，我们使用两个参数来进行调整：光圈和快门速度，还可以使用感光度对其进行微调。要了解正确曝光，水池倒是一个形象的比喻。我们假设正确曝光需要的光量可以装满一个容器，光圈就是输入管道的粗细程度，快门速度就是开启这个管道让光线通过的时间长短。那么要让光线充满一个容器，当光圈大的时候，快门速度会很高；当光圈小的时候，快门速度会低一些。

　　这就是在曝光中光圈和快门速度设置的技巧，我们可以针对正确的曝光设置出一组光圈和快门值，在保证曝光的前提下，通过光圈和景深的关系、快门速度和运动的关

　　自动曝光中，在运动拍摄状态下当光线发生变化时，画面可能会忽然曝光过度，然后曝光正常。大家要避免光线突然变化对曝光产生的不利影响，时刻观察拍摄现场的光线。

在逆光下可以调整曝光参数，让背景略微曝光过度，使前景和背景的立体感得以凸显。我们可以根据光线的不同来随时调整曝光，这是摄像的特点，需要在拍摄过程中实时调整。

系来选择具体数据，但是一再需要强调的是曝光要准确。

## 光线的均衡点

也许你会说，当遇上明暗对比非常强烈的环境，我们就没有办法完成正确的曝光。是的，有很多电影中都出现了非常有艺术感的造型光，这些光线的造型对于曝光而言是困难的。解决的办法，一部分是通过补光的方式来完成；另一部分，则要通过技巧，就是找到光的平衡点。

这个平衡点不是一成不变的，按照摄影大师安塞尔·亚当斯的理论，将光线分成 11 个灰阶，然后通过灰阶的过渡来完成明暗转换。这也许太过复杂了，我们不讨论这个灰阶，但是可以从中找到一个奥秘，那就是即使光比反差再大，画面由暗到亮或者由亮到暗都有一个过程，这个过程就是由亮到暗或者由暗到亮的过渡。

任何一个环境，如果光比很大，那就证明这个过渡很急促，感觉忽明忽暗；如果光比很小，那么这个环境的过渡就很幽缓，感觉很平均。当我们对这种环境进行拍摄的时候，如果要正确曝光，就一定要找到这个过渡的点，以它为基础就可以得到正确的曝光。

　　如果用点、线、面的方式来阐述曝光的话，可以这样理解：当光比强烈的时候，正确曝光要找到光线过渡的点；当光比不够强烈的时候，正确曝光要找到光线过渡的线（比点略宽泛一些）；当光比对比很小的时候，那就非常容易拍摄了，正确曝光只要找到这条线过渡的面就可以了。

## 曝光过度和曝光不足

　　拍摄视频的时候，曝光过度和曝光不足都是难免的。当遇到画面曝光无法判断，或者不知道如何调整的时候，宁可曝光不足一些，也不可让画面过亮。

　　这个原理和数码影像的宽容度有关，我们可以拍明暗不同的两张图片进行对比。当使用后期软件对它们进行调整的时候，亮部的信息是无法调出的，白色的曝光过度部分无论怎么调整都还是白色，但是暗部的信息可以通过调整对比度的方法来提出这些隐藏在黑色部分中的细节。

高调曝光并不代表曝光过度，亮度是色彩的基础，当亮度有偏失时，色彩也会无法正确还原。

**Tips：** 松下 GH4 的斑马纹设置

1. 在松下 GH4 中，有斑马纹样式可以选择。

2. 可针对斑马纹来设置不同风格。

3. 点击 SET 键。

4. 从中可以看到这是两种不同曝光程度的斑马纹，相当于预置了两种曝光警示级别。

5. 可以针对拍摄要求选择两种不同的警示程度，比如采访和风光拍摄中对于高光的要求就不同。

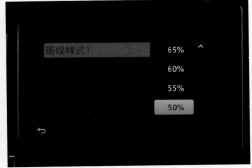

6. 针对斑马纹警示值的设置，最低可以到50%，最高可达 105%。

1.选择不同的斑马线曝光标准。

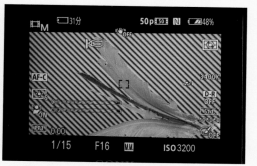

2.相应画面会在监视器中呈现。

使用斑马线标注曝光过度区域。

使用斑马线标注曝光过度区域，然后选择曝光过度程度的参数，就可以把自己认为的曝光过度程度标示出来，所得到的提示和影调有很大关系。

# 调 性

对于曝光的过程来说，通过一些参数来控制曝光量，可以得到正确的曝光值。但是正确曝光得到的却是一个亮度和色彩正确的画面而已，而艺术化的画面却往往可能是使用错误的曝光来完成的。

在正确曝光的周围还有曝光过度和曝光不足，代表着过亮和过暗的画面，这也是两种不同的视觉传达，可以给人不同的心理感受，它们的统称就是影调。你可以理解成影像的调性，和音乐一样，大调阳刚激情，小调委婉惆怅。光线的调性体现在画面中，强调亮部空间的高调让人感觉阳光大气，充满活力；而强调暗部的低调则给人压抑诡异和沉重的力量感。

在保证曝光正确的前提下进行影调的选择，需要有主次之分。

**Tips**：影调设置介绍

1. 在松下 GH4 中可以针对影调做不同选择，其他相机摄影机也大致相同。

2. "电影模式动态范围"，这相当于 log 伽马曲线，可以针对不同的参数进行设置。

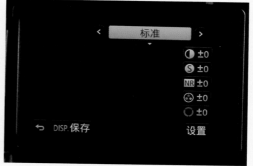

3. "电影模式视频"，这相当于 CINE 伽马曲线，可以针对不同的参数进行设置。

4.画面风格设置，通常选择"标准"即可。如果你想给后期一些调整空间，可以选择"中性"。

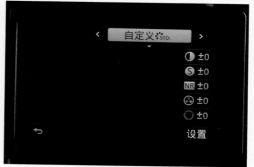

5.此外，你还可以选择"生动"、"自然"、"单色"、"风景"等风格。

6.影调还可以进行自定义，设置自己喜欢的影调感觉。

## 高调曝光

　　很多青春片都是使用高调曝光拍摄完成的，高调的影片氛围能给人一种青春活力的感觉，或者唯美的憧憬感。还有一些日系广告作品，也经常用高调曝光和低饱和度来修饰画面。

　　我大学时代喜欢看日剧，其中很多都是采用高调的画面。那些画面对我刺激很大，因为我之前往往喜欢一些稳

使用顺光制造的影调会很平淡，所以尽量不用顺光来制造影调。

适当采用高光影调可以让画面变得灵动，也就是大家经常说到的小清新。

重的画面，曝光也趋向低调，以形成一种曝光不足的稳重感，这是很多艺术片的曝光方式，但是后来发现高调原来可以这么美，真是令人过目难忘。

后来我做婚礼影片比赛的评委时发现，大量的参赛摄像师使用相机摄影机，采用高调的方式来拍摄婚礼，简直美极了。我回忆了一些婚纱照的画面，的确高调的方式可以体现出纯洁的美感。如果你是一个婚礼摄影师，或者准备拍摄一个小清新风格的 MV，那么高调画面是首选。

制造高调的画面并不困难，你可以直接开大光圈，或者让曝光补偿偏向曝光过度的范围。这简直太简单了，不过你要学会用光，高光再加上光斑就是小清新的表现了。你可以使用侧逆光，然后保证主体人物脸部的亮度，这样自然就曝光过度了，而在镜头移动的过程中，画面会出现眩光。因为摄像需要连续控制光线，所以要尽量保持曝光量不变，这样补光就很重要了。

## 低调曝光

低调曝光可以让画面稳重起来，甚至可以表现出一些力量感。低调曝光的控制很简单，它对初学者也很有好处。当你没有把握做到正确曝光的时候，可以使用低调曝光，也就是把曝光控制得暗一点，从而给后期留下足够的调整空间。

要得到低调曝光的画面，就是不要给画面足够的曝光量就可以了。但是你要记住，要保证主体的曝光，否则画面将没有主体信息，言之无物是没意义的。降低曝光量后，画面会出现层次过渡，如果黑色和白色之间有丰富的灰色层级空间，那么就得到了一个平滑的曝光画面。这种过渡就像在面包上抹果酱，匀称而不油腻。

最后再强调一下，曝光控制入门应该学会如何得到正确曝光，然后再学习使用错误曝光来控制影调，进行特殊氛围画面的创作。因为现在数码影像的门槛很低，所以一定要在领会曝光正确的前提下去错误使用，否则就会混乱。

## *Tips*：影调自定义

1.有些相机摄影机只有照片风格选项，其实这就是控制影调的简易曲线设置，参数虽然不够丰富，但是对于拍摄来讲够用了。

2.每个选项都有相应的参数设置标准，通常选择"标准"模式。

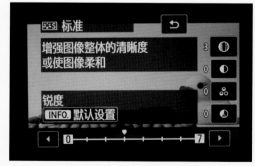

3.可以对锐度、反差、饱和度、色调进行调整，这些是伽马曲线调整的基本参数。

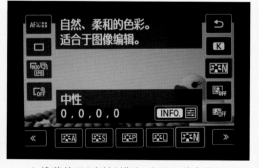

4.推荐使用"中性"模式，它设置的参数都为0，也就是相机摄影机不对画面进行任何色彩和锐度处理，以得到原汁原味可供后期处理的画面。

5. 还可以自定义画面效果。

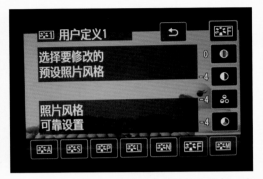

6. 自定义参数可将所有参数设置为最低,这样得到的是灰色的画面效果。

7. 不同的参数可得到不同的画面效果。

8. 无反差画面效果,更多的"灰"是让后期拥有更大宽容度的前提。

9. 强调饱和度的画面效果。

10. 饱和度为默认数值时的画面效果。

# 三、高级曝光控制

除了之前提到的曝光参数，在很多相机摄影机上还有一些高级曝光控制的选项。比如在影调设置中可以选择：标准、风光、人像、中性、安全、自定义等。这些影调在许多 DV 和 DC 中，被笼统地称之为画面风格，这里面包含曝光和色彩的双重含义，比如鲜艳模式，不但对对比度进行了调整，还对饱和度进行了默认设置，用户无法自行调整。

很大一部分相机摄影机还可以针对各个参数进行独立设置，用户可以对锐度、对比度、饱和度、色调进行调整。这四项已经可以控制画面的整体风格了，其中锐度不建议大家提升，因为这对后期没有好处，我在使用时会降 1–2 挡使用。饱和度可以强调色彩的艳丽程度，我一般不做控制，使用安全设置值 0，这是为了给后期留下调整空间。简单总结一下，前期拍摄只对曝光做控制，色彩尽量保证真实，不可过于饱和，以便为后期留下更多的调整延展性。

## 曲线调整

控制曝光其实就是控制明暗，控制整体明暗或者强调某个局部的明暗，这样就形成了反差。而表现这个反差的数值，最终可以连接形成一条曲线。每一条曲线就是一种曝光结果，也是一种直观的画面效果。

千万不要担心不理解曲线，它是一条非常有亲和力的线，因为它时刻都和画面效果绑定在一起，是一个画面的数学模型。在很多影像产品或者影像流程中经常看到伽马这个词，其实就是函数的意思，表示一串数字之间的关系，而我们则经常叫作伽马曲线。其实伽马和曲线对应的是同一个东西，伽马是数的关系，曲线则是表现出来的线条形式。

简单了解这个知识后，我们在前期拍摄和后期调色阶段就很顺畅了。相机摄影机和电脑的运算需要通过数据来

Tips：对比度调整

1.平常拍摄的画面经常是这样的，画面看起来迷雾蒙蒙，不通透。

2.调整对比度后就可以得到更好的画面效果了。这说明对比度偏差在画面中经常存在，我们需要使用曲线来对画面进行机内调整。这样可以节省后期的时间，提高效率。

不断校正，而图像的视觉感受是可以通过数据来呈现的。

在明暗关系之中，如果我们按所见即所得去看，其实它是一个直线关系，因为看到的和输出的是 1：1 的对应关系，也就是输入（看到）和输出（呈现）是一致的。而调整明暗关系的目的就是在画面不出现呈现问题的前提下，去改变画面明暗呈现的方式。这样可以得到更大宽容度的画面，从而让相机摄影机更好地为拍摄服务。

通过曲线调整，我们可以得到一些曝光效果，如高反差、低反差、强调暗部、强调亮部等，想获得我们想要的画面效果，不必去挨个调整数值，直接控制相应的曲线就好，它其实就是一个数据包。

## 曲线宽容度

明暗极限的范围就是宽容度，在胶片

或者感光元件自身宽容度一定的情况下，我们可以通过曲线调节扩展一点宽容度。现在很多数字电影摄影机都有 12 挡的宽容度，各个厂家也在机内设置了相应的曝光曲线。

这种曲线被称为 log，因为曝光关系的参数对应方式是对数关系，所以就找到这个对数称呼来给它起个小名，其实就是 log Gamma。

不同厂家对 log Gamma 的称谓不同，比如佳能定义自己的曲线为 C-log Gamma（Canon-log Gamma 简写），索尼定义为 S-log Gamma，Red 公司定义为 Red-log Gamma。

伽马曲线的调整在刻意提升了亮部曝光和暗部曝光能力之后，就形成了一个更大的宽容度，而每个厂家也以这种方式显示自己的实力。曲线宽容度的意义，是增强摄影机在各种拍摄环境中的通用性。这可以给创作者带来很多可能，它的意义非常深远。不过，哪怕摄影机有 100 挡宽容度，光影造型依然是影像创作的基础。我们的目的是让工具更易用、更强大，更能发挥出人的创造力。

**Tips**：使用松下 GH4 智能动态范围

1. 松下 GH4 有"智能动态范围"选项，这相当于电影机中选择了预置曲线。

2. 对于宽容度大小可以做不同的设置。

**Tips**：松下 GH4 的曲线调整

1. 图中的选项其实就是曲线设置。

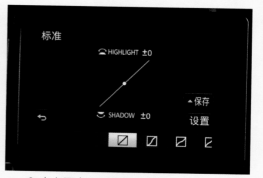

2. 在上图中可以看到明确的曲线形态，而不是抽象的数值。在标准模式下，曲线是一条直线，这代表输入和输出是等值的。

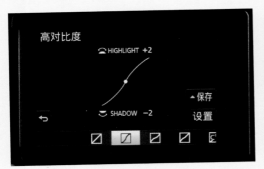

3.默认的"高对比度"模式，曲线形态为S形。从曲线形态可以看出，上图强调了亮部和暗部，这样就形成了高反差对比。

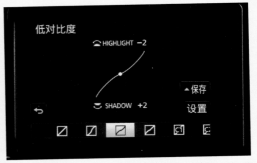

4.默认的"低对比度"模式，曲线形态为反S形。从曲线形态可以看出，亮部被压制，暗部被提升，这样就形成了低反差对比。

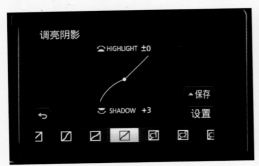

5.默认的"调亮阴影"模式，暗部被提亮，目的是强调暗部画面，这就是我们常说的曲线的趾部位置。

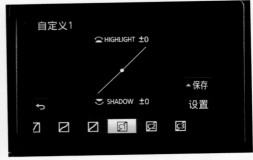

6."自定义"曲线就是通过对暗部和亮部的设置，来形成一条适合自己使用的曲线。

7. M型曲线，提升了暗部，同样也提升了亮部。这种曲线的画面表现是高调的，但是曝光过度难以避免，除非在特定环境下。

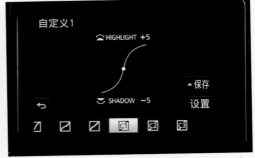

8. S型曲线，参数设置到极限，有极致的反差效果，如逆光剪影效果。

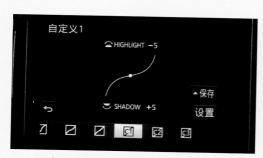 

9. 反 S 型曲线，就是无反差曲线，模拟成 RAW 的灰度，暗部被提升，亮部被降低，保留了灰度空间。

10. W 型曲线，暗部被强调，亮部被降低。

标准曲线画面效果。

低反差画面效果。

高反差画面效果。

强调暗部曲线画面效果。

提升暗部曲线画面效果。

**Tips**：索尼 A7S 的曲线和感光度设置

1.选择"图片配置文件"，打开曲线设置功能。

2.进入菜单后可针对伽马和色彩模式进行设置。

3. 针对不同的伽马曲线可以有不同感光度相匹配。

## 曲线的意义

　　使用曲线的意义在于处理动态影像高效准确。因为数字影像领域的生产已经是多部门参与的了，其中数据产生的色彩和在不同设备上的显示偏差会令影片"变质"。举一个简单的例子，相机摄影机的液晶屏和外接监视器的亮度和色彩是否一致？剪辑监视器和调色监视器、播放投影的亮度和色彩是否一致？这些都是肉眼观看的设备，肉眼并不精确。如何让前期拍摄的画面在最后尽可能"真实"还原，难道要一个个设备进行细节调整？

　　曲线不但可以解决前期拍摄的问题，而且可以形成多种设备中的统一标准，然后用数据模型来套用不同设备，可以保证这种高效性。

**Tips**：索尼 A7S 的伽马曲线

1.针对"图片配置文件"可做详细设置，有9种伽马可供选择。

2.除了动态标准伽马，还有电影伽马曲线设置。

3.索尼 A7S 的亮点是 ITU709 和 ITU709(800%)，以及备受用户推崇的 S-log2 曲线。

**Tips**：索尼 A7S 的色彩模式

1.色彩模式是高端电影摄影机特有的属性之一。在相机摄影机上使用这个功能，搭配伽马曲线，产生的画面完全可以和专业电影摄影机媲美。

2.传统的 ITU709 模式是由电视协会制定的标准，只要在电视机上呈现，都可以使用这个色域范围。

3. MOVIE 是传统的色域方式，色彩还原很讨巧，如果不想在后期做太多调整，那么直接用它会很方便。

4. S-Gamut 是高端的色彩色域，也是索尼特有的宽色域色彩空间，但是索尼 A7S 并不支持 S-Gamut 所有的色域，只是相当于 S-Gamut 的色彩再现。

**Tips**：选择 ITU709 和 ITU709（800%）后的基础感光度变化

1. 选择 ITU709 伽马曲线。

2. 基础感光度变为 ISO200。

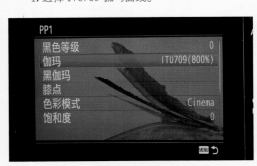

3. 选择 ITU709（800%）伽马曲线。

4. 基础感光度变为 ISO3200。

**Tips**：使用 S-log2 曲线后基础感光度的变化

1.选择 S-log2 伽马曲线。

2.选择 S-log2 后，索尼 A7S 基础感光度变为 ISO3200。

## 曝光监看

肉眼观察亮度和色彩是不准确的，所以我们必须用到查看曝光的工具。其中常用的有 3 种：斑马纹、直方图、示波器。

斑马纹用于在拍摄过程中实时观察曝光情况，它可以将画面中曝光过度的局部标示出来。即使液晶屏或者监视器存在亮度偏失也可以通过斑马线来观察曝光，这个条纹会将数据加载到采集的画面上。

斑马纹是摄像机上一个常见的功能，之前很少出现在相机上，因为在相机上不用观察动态曝光。但是相机摄像机出现之后，这个功能逐渐添加到了设备上，也成为相机中摄像功能被强化的标志之一。

在使用斑马纹功能的时候，可以根据对画面的曝光要求和视觉喜好来界定曝光过度。只要超过曝光过度光预设值的位置就会出现斜道斑马纹。假如我们设定斑马纹参数为 85%，那么超过这个数值的位置就会出现斑马纹提示。比如在拍摄采访时，

监视器中人物的鼻子和额头上往往会出现斑马纹，这时就能明确整个画面的反差是否可控。当然你还可以设置成 100%，这种设置在拍摄大景别时很有帮助，只要出现斑马纹就证明曝光过度了。这些细节设置可以帮助我们提高拍摄效率，并精确查看曝光。

直方图是另一种曝光查看工具，它可以描述画面中白色像素和黑色像素之间的过渡趋势，从而判断出曝光的情况。这在使用 Photoshop 进行后期调整的过程中屡见不鲜，只是要把这些图表用到视频拍摄中而已。

示波器是一种更加精准的曝光查看工具，也更加复杂。不过只要你尝试将示波器画面和实际画面进行对比，就可以感觉到，它是以画面为基础来表述每个位置的亮度表现，然后形成一个曲线波形。我们可以找到对应的画面位置，而不是像直方图那样只能表达一个趋势。

现在的相机摄影机中，斑马纹和直方

图都已经是常见的曝光查看工具了，有些相机摄影机也可以通过第三方固件来添加这种辅助功能。总之，只要能适当地掌握一种曝光查看方式，并熟练使用就好。

## 综合使用

总的来说，曝光既要谨慎又要粗犷，不要完全纠结于画面的均匀，要知道，画面效果是一个综合因素。标准打光和置景打光意味着高成本，所有的拍摄都是和成本息息相关的，我们需要维持画面效果和成本的平衡。

在光线很好的状态下，没有不好的摄像机，没有不好的电影摄影机，当然也没有不好的相机摄影机。关键是这种光线极佳的状态很少，要是真的碰见了，你用手机都可以拍不错的电影。我们谈及的曝光和曝光控制就是用于应对不好的环境的。

曲线是很好的曝光控制工具，但是必须谨慎使用，如果拿不准，暂时不要急着在实际使用中尝试，而应该练习熟练之后再用。我在很多拍摄中会关掉曲线功能，因为我知道自己可以把控画面，用基本参数带来的画面则是自己创造的画面，而用辅助功能带来的画面是机器创造的画面。当然这也和全流程有关系，反正后期也要做画面调整，而我的工作其实是为调色师提供还原最真实的画面，给他留下更大的调整空间。保证画面的原汁原味非常重要，因为剔除颜色永远比增加颜色难得多。

在比较中更容易知道明暗关系，所以要经常和拍摄出来的相邻画面进行比较，以保证曝光一致。这种比较可以用肉眼完成，也可以配合直方图等工具，让你更加放心地确认画面。前期拍摄一定不要给后期带来麻烦。

最后要说，影调最好在影片策划时就定下来，方便摄像师更好地创作，只有将曝光和影调绑定，才能明确创作方向。

***Tips*：使用 ITU709（800%）曲线搭配 ITU709 色彩范围的画面表现**

1. 使用 ITU709（800%）曲线搭配 ITU709 色彩范围，欠 2 挡曝光的画面。

2. 使用 ITU709（800%）曲线搭配 ITU709 色彩范围，欠 1 挡曝光的画面。

3. 使用 ITU709（800%）曲线搭配 ITU709 色彩范围，正确曝光的画面。

使用 ITU709（800%）曲线搭配 ITU709 色彩范围得到的画面在高光部分全部溢出，显然它没有 S-log2 的高光抑制能力强，这和 ITU709（800%）的曲线特性有关。这条曲线在暗部、中间调和 ITU709 的还原是一致的，但是在亮部空间应该延展了 800%，也就更好地还原了高光的细节。但是对于高光区域还是无能为力，相比之下 S-log2 曲线则相当于 ITU709（1300%），也就使动态范围扩充至 1300%，可以有效抑制高光。

## Tips：使用 S-log2 曲线和 S-Gamut 色彩范围

1. 使用 S-log2 曲线和 S-Gamut 色彩范围，欠 2 挡曝光的画面。

2. 使用 S-log2 曲线和 S-Gamut 色彩范围，欠 1 挡曝光的画面。

3. 使用 S-log2 曲线和 S-Gamut 色彩范围，正确曝光的画面。

使用曲线的目的是为了增大宽容度，但是因为监视器或者机身液晶屏无法正确体现亮度和色彩范围，而且使用 log 曲线之后的画面本身就过灰，所以往往当我们看到数值为正确曝光时，其实已经曝光过度了。使用 log 曲线进行拍摄时，不妨设置欠 2 挡曝光，这样产生的画面反而在后期查看时是正确曝光。

我们从图中可以观察高光点，在欠 2 挡曝光时，高光细节可以查看，但是到了正确曝光时，则已经成为一个真正的亮点了。所以使用 log 曲线拍摄时，也可以使用"宁欠勿过"的曝光常识。

1. 使用 ITU709 曲线和 ITU709 色彩范围，欠 2 挡曝光的画面。

1. 使用 S-log2 曲线和 ITU709 色彩范围，欠 2 挡曝光的画面。

2. 使用 ITU709 曲线和 ITU709 色彩范围，欠 1 挡曝光的画面。

2. 使用 S-log2 曲线和 ITU709 色彩范围，欠 1 挡曝光的画面。

3. 使用 ITU709 曲线和 ITU709 色彩范围，正确曝光的画面。

使用 ITU709 曲线和 ITU709 色彩范围的画面，从中可以看到对于高光抑制基本是无效的，对于亮部的峰值白色也没有抑制，这证明 ITU709 的动态范围并不大。

3. 使用 S-log2 曲线和 ITU709 色彩范围，正确曝光的画面。

使用 S-log2 曲线搭配 ITU709 色彩范围的曝光和 S-log2 曲线搭配 S-Gamut 的曝光一样，需要使用曝光不足的方式来得到正确曝光的画面。在 ITU709 色域下，画面色彩信息要比 S-Gamut 的强烈，这是一种通用性更强的色域，它在电视领域有很好的表现；但是 S-Gamut 的色域有更加纯正的电影感，对于后期拓展会有更好的表现。

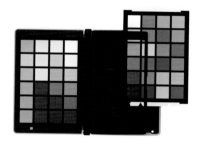

第七章

# 色彩能力

色彩是影像技术对于人类的一大贡献，我们肯定无法一直忍受黑白影像的世界，虽然现在很多人会有意制作一些黑白影像，但这可以视作人们在追求视觉新鲜感。当人眼观看彩色已经变得平常，黑白反而会有新鲜意味。

彩色画面是影像对现实世界的真实还原，我们可以通过刻意强调色彩的方式，为观者打造一种心理暗示。影像的叙事功能和色彩的表现结合可以更好地传达视觉意义。

在选择色彩的时候，首先要知道什么是真实准确的色彩还原，然后再来做偏色的尝试。其中对于影像色彩表意的手段就成为关键技术。

# 一、色温和色温设置

很多人以为色温就是色彩的温度，比如看到红色会感觉温暖，看到蓝色会感到寒冷。这种直观的感受是色彩暗示，也可以说是色调，但并不是色温的概念。

## 色 温

什么是色温呢？"赤橙黄绿青蓝紫"，色温的奥妙就藏在其中。我们看到的白色光线就是这7种颜色"中和"的效果，当它们在"中和"过程中出现偏失，那么低色温就表现出红色，高色温就表现出蓝色。

不同的光源都有相应的色温值，不要按色彩的呈现去推断色温，我们需要的是"中和"后的数值。在"中和"的过程中标准的反应色彩就是白色，所以通过术语"白平衡"可以很好地理解色温概念，即在不同环境中找到白色的真实还原。

1800K　　4000K　　5500K　　8000K　　12000K　　16000K

色温标尺。

低色温自然光画面。

冬日下午的蓝天白云有很高的色温。

清晨的高色温环境下，使用自然光要注意色温和曝光量控制。

夜晚同样是高色温环境，需注意点光源和灯光带的曝光控制。

下面这组图片是在阴天的午后拍摄的。通过观察图片，我们知道其色温应在5000-6000K，但这种估值很宽泛。因为肉眼只能按照色彩呈现来进行对位，如果需要精准设置，那么我们就需要使用相机摄影机的白平衡。这里给大家看一组图片，看看正常色温和偏色对于画面的干扰。

一些常用光源的色温为：烛光为1930K，钨丝灯为2760-2900K，荧光灯为3000K，闪光灯为3800K，正午阳光为5400K，电子闪光灯为6000K，蓝天为12000-18000K。无需记住，只要留下印象即可。其中有一个规律，低色温表现为红黄色，高色温表现为蓝白色，而我们经常听到的冷光源概念，则是表现冷色调的高色温灯光造成的。

2500K

3200K

4300K

5600K

6000K

7000K

8000K

9000K

10000K

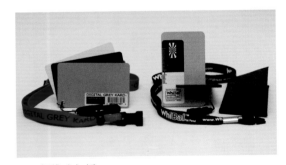

便携式灰板。

## 色温设置用具

我们通常使用 18% 的灰色来定义白色，所以使用调白的工具被叫作灰板。影像设备的白平衡设置，要使用标准灰板来完成，不过很少有人随身带着这个东西。所以我们可以粗略地认为肉眼看到的白色就是标准的白色。

如果手头没有灰板，也可以在画面中寻找白色物体进行调整设置。比如在拍摄会议的过程中将镜头对准一个穿白衬衣的人，在餐馆拍摄的时候找一个白色的盘子，在街头拍摄时对准电线杆上那些白色的小广告……这都是使用相机摄影机时设置白平衡的技巧，当然这样做没有灰板精确，但是关键时刻会很有用。

# 色温的设置方法

使用相机摄影机时的色温设置和使用相机设置的方法一致，可以通过图标映射现场光源的方式来设置，只要观察现场的灯光类型即可，比如看见钨丝灯就点击"灯泡"图标设置色温，如果主体光源是太阳光就点击"太阳"图标。这些是最快捷的设置方式，但它只能将色温控制在一个范围内，而且只适用于单一光源，碰到混合光源就很麻烦了。

生活中极大多数光源都是混合光源，比如在室内拉开

**Tips：使用 SpyderCHECKR 进行色彩控制**

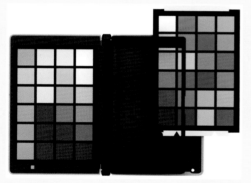

1. SpyderCHECKR 正面是 48 块色谱，把它放置在拍摄环境中，使用相机摄影机在正面进行拍摄，可以得出现场光源下的色还原。在后期进行调用时，电脑会进行相应的修正，方便调色师在调色时找到标准的偏色参数，做出正确的色彩还原判断。

2. SpyderCHECKR 背面是一个完整灰板和灰阶过渡色块，方便我们手动定义白平衡，它还可以用来调整相机摄影机的宽容度属性。

**使用方式介绍：**

在支架或三脚架上放置 SpyderCHECKR 作为目标。从远处使用单一光源进行照明，不使用反光板。同时确保光源在目标表面的 45° 位置。

设置相机摄影机，校准角度使之垂直于 SpyderCHECKR。不能让目标填满整个取景范围，避免目标区域因镜头在边缘处表现力不佳带来的问题。

要查看相机摄影机的白平衡，也可以使用 SpyderCHECKR。在特定的环境照明条件下，使用相机摄影机的自定义白平衡模式。由于相机摄影机不能拍摄 RAW 格式的视频，将白平衡在机身内进行准确设置就非常重要了。

使用 SpyderCHECKR 填满相机摄影机的取景框，曝光灰色卡部分。使用手动方式对焦，然后设置为相机摄影机的白平衡。

使用手动对焦，拍摄现场光源下的白色物体，然后选择自定义白平衡，将图片预置进去，这样就可以得到与现场相匹配的色温值了。

画面中有大面积高亮光斑出现，需要注意暗部噪点的抑制问题。

窗帘就有日光射入，显示器又会发出白色的高色温光线，你可能还会开启台灯，它可能是高色温也可能是低色温。如果你要使用传统的灯光型色温设置，那么你最好把现场光源数量减至一种，这是消灭混合色温的好方法，但是这样可能无法保证现场光源的亮度，无法达到规定的曝光量。

这些原因促使我们要使用自定义的方式来控制混合光源的复杂色温。在摄像机中通常采用调白操作，即只要对着白色物体，让它充满画面的 2/3，然后再点击"白平衡"键进行确认就可以了。但是在相机摄影机上，这种自定义方式更加简单直白，你只要在现场光源下拍摄一个白色的画面，然后在"自定义白平衡"模式下，将这张"标准白色"图片设置在自定义功能里，就可以得到一个精准还原现场色温的标准值了。

不过要注意的是，一次只能设定一个空间的色温标准，空间变换或者光源变换后都需要重新设置色温。

# 二、营造色调

## 影调和色调

你可以把影调理解成影片曝光的基调，也可以把色调理解成影片色彩的基调。如果你拍摄的是一次客观的新闻报道，只需提供真实的现场情况即可，而不必有色彩表现的考虑，你需要的就是真实，现场怎样你如实转述传达即可。

但是我们创作都会带着态度介入其中，否则艺术就显得没有味道了。而态度在视觉的表现上就是光影和色彩的暗示，爱情片的色彩表现和恐怖片的色彩表现肯定不同，广告片的色彩表现和新闻片的色彩表现也不同。影调的设计涉及多个因素的组合，包括导演的构想，摄影师的创意，灯光师、美术师的执行，服装、化妆、道具的实施等。

标准模式。

柔和模式。

鲜艳模式。

中性模式。

**Tips**：亮度级别

1.相机摄影机的功能设置越来越丰富，可以针对亮度级别进行选择。

2.亮度是色彩还原的前提，高端相机摄影机可以根据不同的拍摄题材类型来定义亮度级别。

# 偏 色

在知道如何设置色温来得到正确色彩还原之后，我们就需要学会活用色温来实现创意效果。不过需要提前说明的是，活用色温来设定影片影调，对于摄像师是一项考验，一般都是通过后期的方式来有意设置偏色，摄像师只需要提供前期各个环境的标准色温。这里的简单介绍，目的是让大家更好地理解色温和偏色。

当我们故意设置错误的色温时，可以观察到一个有趣

1. 很多数字摄影机的"色彩模式"功能也逐渐移植到了相机摄影机上。

2. 在以往的相机摄影机中，只有 sRGB 和 RGB 可供选择，现在终于可以用到通用视频标准的色域了，这其实是视频的各种色彩模式的基础。

3. MOVIE 色彩模式可以理解为通用的相机摄影机模式，可匹配常用的色彩模式。

4. S-Gamut 是电影级宽色域标准。

的现象：使用低色温拍摄高色温环境时画面偏蓝，使用高色温拍摄低色温环境时画面偏红。这个现象大家只要简单思考一下就可以得出造成这种现象的原因。不过，这种现象用好了可以使你的影像作品拥有丰富的影调，但设置不当就会造成偏色，是艺术还是技术错误往往就在一念之间。

在影像艺术中，色彩管理是一门大学问，它牵扯到前期拍摄、监看画面、后期调整、输出画面、呈现画面等多个流程。这一切都要在色彩正确的前提下来灵活运用色彩，所以偏色是最简单的也是最难的，色温则只是其中关键的一环。

# 白平衡偏移

在很多相机摄影机中都有相应高端的白平衡设置方式，不过很少有人使用。其中一部分人是不知道如何用，另一部分人是不敢用。使用这个功能对于低成本制作的影片来说很有帮助，因为这样可以省去一些后期调色的时间，直接在前期为影片赋予色调。不过要谨慎使用。

**Tips**：白平衡偏移

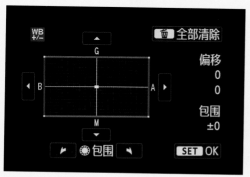

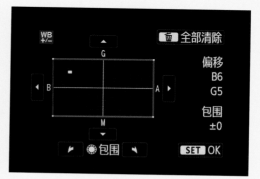

1.相机摄影机的白平衡偏移模式，是用来修正现场光源偏色的，只要灵活运用，也可以成为制造色调的一种方法。

2.使用相机上的拨轮进行色彩偏移的控制。

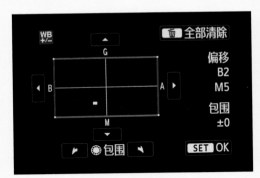

3.可以在色彩划分的不同方向移动，从而得到各种偏色效果，也可以模拟胶片的色彩感。

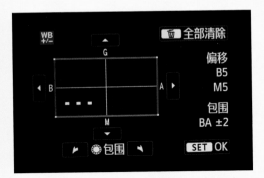

4.还可以进行包围方式调整，如同使用包围曝光。

5.白平衡偏移效果一。

6.白平衡偏移效果二。

## K 值设定

　　面对舞台的拍摄时，在色彩方面需要注意色温的把控，很多时候在彩排时就要及时沟通。我一般会让灯光师告诉我整体的灯光亮度范围，要知道舞台灯光全亮和基础氛围灯光两个标准，通过这两组光来界定曝光。因为摄像必须保证整体曝光统一，可以有明有暗，这是舞台亮度的真实表现，但是必须回避曝光不足和曝光过度的失误。另外，舞台拍摄基本都是多机位完成，你必须保证每台机器的曝光都是一致的，这样才能保证剪辑和现场切换的时候不会有视觉突兀感。在现场切换的过程中，标准的方法是由专门的技术人员来控制曝光，使用 CCU 来统一各个机位，前端摄像师只负责构图和找焦点。但这是正统拍摄，也就是标准制片成本的拍摄，显然我们很难达到。

如果没有以上说到的资金和设备，那么就只能用摄像师的智慧和专业水平来应付拍摄环境了。请记住第一点，找到亮度的范围，调整曝光，界定出一个合理的光圈变化范围。亮度是色彩的基础，只有保证曝光之后才能应对色彩问题。

手动调白可以让色温尽量精准，但是在现场光源色彩不断变化的时候，不可能随时手动调白，于是我们需要采用数值调整的方式，也就是相机摄影机白平衡模式中的"K"标志。它可以帮助我们按数值标准不断加减色温值，从而得到一个尽量接近真实色彩的范围。

如果这样还是出现了色彩偏失，那么白平衡漂移就是最后的办法，但这需要你在彩排时就发现人物或者主体脸部偏色，然后通过反向调整偏色来抑制偏色，从而挽救主体色彩。这种方式需要灵活运用，因为在整个演出中光线时刻都在变化，你抑制住了偏色，在光线变化之后可能又偏色了。

在这里强调一下，影像创作是一个整体活动，如果你是单机拍摄，那么一切都好说，你只需调整设备的参数。如果是多机位、多部门配合拍摄，你就一定要和他们保持顺畅的沟通，以确保影像创作顺利地完成。

**Tips：整体色彩解决办法**

在视频制作中色彩的应用是非常复杂的，从前期拍摄到后期制作，再到显示呈现，其中不同设备有不同的色彩呈现原理，而且针对不同色域进行转换也是异常复杂的，这样就造成了色彩的偏差。SpyderHD 工具可以使用色卡和灰度立方体对前期拍摄进行控制，也可以使用校色仪校准显示器，从而保证前期拍摄、监看、后期调色以及呈现方式的色彩统一。

第八章

# 运动能力

　　影像分为静态的和动态的，即图片和视频。相机摄影机兼顾图片和视频的拍摄，但是用户要区别对待它们。而其最简单的差别就是要不要让画面动起来。视频如果不运动，那么和图片有什么区别呢？

# 一、机内运动

　　高固定机位如何运动呢？当相机摄影机使用固定机位拍摄时，我们考虑的是机内的运动，即焦点、焦距和画面内部的运动。

## 固定机位

　　固定机位是最简单的拍摄方式，但也是最能表现记录感的方式。固定机位的拍摄，如同我们站立不动用眼睛来观察世界，眼睛可以观察远景也可以观察近景。这种取景能够客观地表现被摄物体的空间位置关系和角度关系，如同眼睛般的观察，还可以带来身临其境的视角。

　　拍摄固定机位的画面，拍摄者可以使用三脚架或者采用手持的方式。强烈建议使用三脚架，相机摄影机已经够小巧了，不要怕三脚架麻烦，除非你的定力非常优秀，那么就去选择手持吧。

　　如果机位固定且镜头不动，那么长时间拍摄长镜头，可以取得非常强烈的记录感，这也是早期电影使用的一种拍摄方式，有些呆板但是却被巴赞等电影大师所推崇。谁也不想看和现实一样时长的画面，所以后期制作时经常会将长镜头快放，不论是视频拍摄还是逐格的摄影画面。

## 焦点运动

　　焦点运动就是在机身不能运动的情况下，我们通过变化焦点的方式来形成具有运动感的画面。

　　焦点运动的目的就是有效利用景深和空间。相机摄影

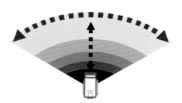

固定机位的拍摄。

焦点在背景处。

焦点在左下的前景处。

机有足够小的景深，这就为焦点的移动带来了便利，我们可以在画面中营造大面积视觉位移，这种位移来自于画面中的虚实变化。它并不是整体的虚实变化，而是局部，这会给观众带来视觉上的冲击。

另一种方式就是有效利用空间。我们通过布置空间和选择空间产生画面的纵深感，也就是要在画面中设置前景和背景，通过焦点在前景和背景中进行穿行移动。这种视频拍摄手法是非常常见的。

不过需要说明的是，焦点的变换在虚实过渡中一定要有合适的构图，并且要和画面关联，这样对叙事才有帮助，才能让观众明白你镜头设计的用意。切忌为了运动而运动，这会把观众的视觉点搞乱。

## 变焦运动

变焦运动是指焦距发生变化。如果你使用定焦镜头是不会产生焦距变化的，所以变焦运动都发生在变焦镜头上。通俗地说，推拉效果就是变焦运动的产物，下面我们来解释推、拉等镜头的表现形式。

推镜头是指画面从广角端向长焦端的变焦过程，其结果是从广阔的画面落到一个微小的细节之处，从而产生强调的感觉。

拉镜头是指画面从长焦端向广角端的变焦过程。随着镜头变焦的推移，环境逐渐被表现出来。这种感觉像猜谜一样，从简单的谜面到蕴含复杂逻辑的谜底。

在这里补充一些概念，大家可以看到视频截图，用两帧画面表现起始画面和终止画面。连续运动的有气势的画面，叫作起幅画面；终止画面，叫作落幅画面。只要是运动的取景方式，我们就用这些术语来规定起点和终点。之后会经常用到这些术语。

另外，以上内容看似很简单，但是在焦点选择和变焦控制上仍然需要多加练习才能够熟练控制。还可以选用附件来辅助拍摄，这在之后的内容中会讲到。

## 画面内部运动

画面内部运动就是用固定机位的方式去拍摄运动的对象。这如同我们打开窗户看来来往往川流不息的人。我们可以通过逐格动画的方式来拍摄云卷云舒的风云变化，这些看似静止的画面连接起来，就可以看见动态的云。这其实就是画面内部运动的一种形式。

另一种形式涉及演员

使用变焦方式来形成推拉画面，上图为长焦端。

变焦过程。

广角端。

的走位，这和导演、摄影指导有关。要知道，在镜头前的表演并不是随意的，所有的调度都暗藏玄机，在哪个位置开始说台词，在哪个位置开始哭泣，这些走位必须精准。

在电影机操作过程中，需要多个人控制一台设备，所以对于焦点、曝光的考量都是为特定表演区域准备的，这样就显出走位的重要性。电影拍摄比电视拍摄更复杂的地方就体现在这些方面。当然我们暂时不说导演走位的方式，可你要知道摄像师必须设计镜头，机位的运动和画面内的运动同样重要。

# 二、机位运动

机位运动就是指摄像师和相机摄影机要一起做运动拍摄，而固定机位的拍摄中摄像师可以站立不动地操作相机摄影机。运动机位的关键就是稳定，我们可以使用前面讲到的稳定技巧，也可以使用一些小型稳定器，这个在之后的附件介绍内容里会给大家讲述。

## 摇镜头

摇镜头是指画面左右或上下移动的过程，如同我们环顾四周。它可以表现空间的广阔，而物体在空间中的位置、尺寸都可以通过这种方式表现出来。

摇镜头是一种很典型的机位运动方式。推、拉、摇这三种固定机位的运动方式不是"固定"不变的，它们可以组合使用，比如在推、拉镜头的过程中进行摇镜头的拍摄。而且这些镜头运动方式在运动机位的拍摄过程中也可以使用，没有特别的规定，但是这可能造成视觉传达困难，请酌情使用。

移动机位。

## 移 动

使用轨道可以实现非常平稳的移动拍摄，后来逐渐兴起一种 MINI 轨道拍摄方式。

移动画面的拍摄——"移"，就将推、拉、摇、移这 4 个拍摄时关于运动的关键词补充完整了。推、拉、摇这些单个动作可以在固定机位中完成，也可以在运动机位中呈现，但是"移"只能在运动机位中完成，因为它本身就是运动的。

移动的方向可以和物体平行，也可以和物体相交，在空间中保持这样的方式能以任何角度完成拍摄。有时我们可以看到大型演唱会或会议中使用摇臂和轨道这样的拍摄

摇镜头形成的画面可用于展现环境，上图为起幅画面。

摇摄过程。

落幅画面。

摇镜头形成的画面可用于全景展现，上图为起幅画面。

摇摄过程。

摇摄过程。

摇摄画面。

落幅画面。

机位升降形成的画面，为起幅画面。

机位进行升降。

落幅画面，这种运动方式有一种视觉上的层次感和揭秘感。

附件，其实它们的作用就是为了增加拍摄角度，把推、拉、摇、移杂糅在一起，让我们的视觉体验到从未观察到的角度。

有一种偷懒的办法可以不使用轨道来进行移动。当我们使用相机摄影机进行移动拍摄的时候，也可以双手持握设备尽量平稳地移动，这需要用到一些稳定的技巧，而且你会发现要平稳或者很匀速地移动是非常困难的。这里需要说明一下，拍摄移动画面要尽量使用中焦和长焦镜头，这样才能体现出移动的位移感。如果你用广角镜头肯定很难达到想要的效果。

移动镜头不像摇镜头那样是围绕圆心画弧的呈现方式，移动镜头的画面展现是线条式的。摇镜头的画面有环顾四周的感觉，是圆形的；移镜头的画面是走马观花的感觉，是平行的。

## 跟 随

进行跟随拍摄时，可以使用不同的握持方式来进行低角度或高角度的拍摄。无论哪种握持方式，稳定是第一位的。

在跟随过程中，除了稳定的要求外，还需要考虑人物和环境的位置关系，以及必要的光线，保证对焦和曝光正常。

跟随，在运动机位的拍摄过程中，不仅是一种拍摄方式，更是一种技巧。我们可以在影视剧中看到大量的运动跟踪画面，比如战争片中的冲锋画面，镜头跟随着身边的战士一同冲锋陷阵，或者是谍战剧中两个谍报人员的跟踪场景。这样的拍摄场景，跟随镜头的画面可以表现出有运动主观视角的感觉，非常真实，记录感很强。

同时，跟随是一种技巧，这种技巧从摄影中而来。当我们拍摄运动物体时，如何才能快速对焦并保持焦点清晰地将运动物体凝固下来？这样我们就要使用跟随的方式，时刻用镜头跟随运动物体，并保持这样的运动，当你按下快门之后依然要持续一段距离。使用这样的方式可以保证焦点清晰，虽然相机摄影机拍摄的是动态画面，连续的焦点可以让运动画面动感十足，但如果使用了跟随的方式，我们就可以通过焦点的运动来引导观众的视觉。

下面说一下跟随拍摄的技巧。我们最好使用肩扛附件来进行操作，这个之后的内容中会介绍，而且可以使用广角镜头来进行拍摄，以保证画面中的物体都是清晰的。而且这样拍摄的画面安全性很高，基本不会太晃动，画面都是可以使用的。

还有一种办法就是在跟随拍摄的过程中进行变焦，这需要一段时间的练习，还需要使用肩扛附件和跟焦器来完成。不过如果使用得当，那么画面的运动感会非常强烈，很多 MV 就是这样拍摄完成的。

设计镜头运动，先进行跟随拍摄。

一边行进一边进行拍摄。

摇镜头至墙面，形成空景。

走进空景。

使用固定机位进行拍摄。

第九章

# 造型能力

在影像中造型的需求很多，这里我们说的是光影造型方式，也就是口头说的打光。

影像是光影的艺术，普通的影像拍摄更像是在"用光"，但高级的影像拍摄比如电影，则是在"用影"。前者这种业务级的拍摄就是要把环境打亮，而电影的拍摄则是要用影子来突出环境中人和物之间的画面感。大家在看电视或者电影的时候，可以有区别地感受一下。

# 一、光线和灯具

和摄影一样，相机摄影机拍摄视频也离不开光影，它对画面可以起到装饰作用，如果我们不懂光影的知识，那么光只是照亮你的被摄物体；但如果我们知道光影的"秘密"，那么用光影可以编织出充满艺术气息的视频作品。

## 为什么要用光

为什么要用光？因为我们要雕刻画面——光影如同刻刀，画面如同一块木料，有了光影雕刻，木料就不再平庸了。

正如前面的内容提到的，我们用动态范围来形容曝光的宽容度。动态范围大的摄像机可以兼容的曝光层级就多，反之曝光层级就小一些。这就要求我们不能将光线用到极限，那种特别亮和特别暗的光线，都是在使用相机摄影机过程中需要避免的。知道了这些，我们就可以更好地选择拍摄光线了。

### 自然光

使用相机摄影机时，摄像对光线的要求要低于摄影对光线的要求。相机摄影机的用光原则是，亮度不曝光过度，暗部有层次。我们可以通俗地理解成，受光的画面不刺眼、不摸黑。

在使用自然光进行拍摄时，对于人物的拍摄可以选择早上 9 点到 11 点，下午 3 点到 5 点时的光线。人们把这种光叫"美人光"，因为这个时间段的光线对垂直于地面的物体和人都存在一定的夹角，可以通过逆光、侧逆光和斜射光的方式对人和物体进行光影造型。

中午的光线是垂直照射在地面上的，这样的光线会造成明显的影子。如果是拍摄人物的话，会在面部和脖子处形成阴影，这对于人物造型来说非常难以把控。

日出和日落时的光线很有魅力，但是光的强度明显不够，照度过低的光线会使相机摄影机拍摄的画面出现噪点。这个时间段的光线如果使用得当的话，造型效果是非常好的，不过要注意色温的控制。另外，如果配合摄像灯光使用那就太棒了。

## 人造光

人类已经把人造光发挥到了难以想象的地步，我们可以数一数家中的电灯。现在电灯已经有了很多种类型，包括 LED 在内。在相机摄影机上的"室内"白平衡模式针对的主要就是人造光，我们在使用这种光线的时候首先要注意色温，因为它的色温不是很高就是很低，如果使用不当就会造成偏色的现象。

另外需要注意的是混合光源。举一个例子，在拍摄会议时通常窗子没有拉窗帘，自然光洒满会议室。为了增加亮度室内的电灯也是开着的，而且电灯不但有荧光灯，还有墙

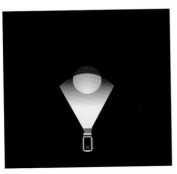

聚光。

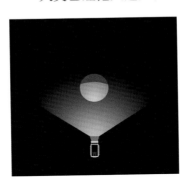

泛光。

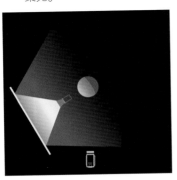

反射光。

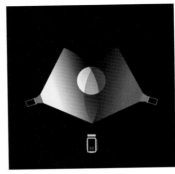

主光、辅光。

**正面光**

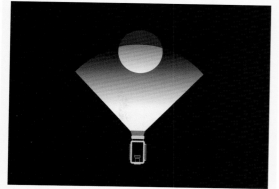

正面光视图。

正面光（泛光灯）效果。

正面光（聚光灯）效果。

**顶 光**

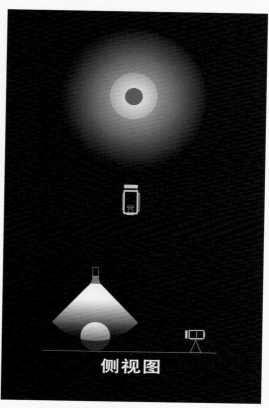

侧视图

顶光视图。

顶光效果。

**侧 光**

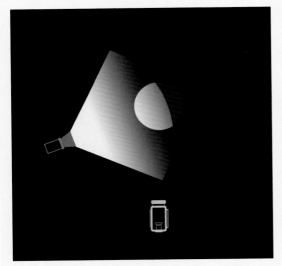

侧光视图。

侧光效果。

侧光效果。

侧光（可用于消除阴影）。

大角度侧光（可以用作辅光）效果。

高位侧光效果。

侧逆光

侧逆光

逆 光

侧逆光（垂直高光位）效果。

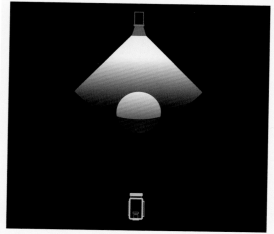

逆光视图。

侧逆光（大角度光线）效果。

逆光效果。

角周围的射灯。这样就出现了光源和色温的混乱，相机摄影机即使再智能也不能正确地判断使用哪种色温，而且即使是有经验的摄像师手动调整色温都很难处理。所以遇到这种拍摄环境一定要减少光源的数量，尽量做到光照统一，拉上窗帘是一个不错的选择。

使用人造光还有一些小问题需要注意，荧光灯的频闪就是其中之一。当我们使用相机摄影机的快门速度高过频闪的速度时就会拍出这些闪烁的画面，大家在使用中需要注意，解决的办法就是降低快门速度，使它和荧光灯频闪速度同步就可以了。

多数人造光源毕竟不像影视灯光,我们在使用的时候,首先要知道色温和照度,这样可以保证不偏色,并且可以将人和物体照亮。其次,尽可能改善一下光的角度,这对于台灯而言还是比较方便的,如果灯是固定不变的,那就只有将就它来进行拍摄了。摄像师千万不能懒惰,一定要多尝试几个角度。

## 影视灯光

影视灯光是专门为了辅助摄像进行设计的灯光,它不同于摄影的闪光灯,影视灯光提供的是连续光源。常见的影视灯光有两种:一种叫聚光,一种叫泛光,分别由聚光灯和泛光灯照射。

通俗地理解就是,聚光强烈地照射着局部,而泛光照射的范围要更大一些,强度一般也没有聚光强。在使用中,我们用聚光灯来突出重点,用泛光灯来制造氛围。

有些相机摄影机在机头部分设计有拍摄灯,可以提供长时间的连续光照明。我们还可以使用机头灯来做辅助光,这是一种小巧的照明工具,可以插在相机摄影机的热靴上提供照明。这经常可以在新闻拍摄中看到,现在很多户外极限运动的拍摄也使用这种方式提供现场照明,氛围感非常好。

常用的布光方式是,聚光灯设为主光源,用来照亮主体;泛光灯作为辅助光源,用来消除主光源的影子,提供一种氛围光线。另外还使用泛光灯来照射背景,这种光叫作轮廓光,它的目的是将主体和背景分离开,让画面更加立体。

灯光在影视造型中的作用非常大,但是初学者必须经过大量实践才能掌握。需要注意的是,不论你使用怎样的方式布光,第一要保证曝光正常;第二要保证用光为造型服务;第三光源一定要可衔接使用,不要让同一个场景在不同的画面中使用不同的布光方式,这样无法接场。

# 灯 具

摄影和摄像中是有层级划分的。初学者喜欢机身和镜头，然后才会选择附件，但如果已经用到闪光灯和影视灯光，则一般可以认为他已经不是初学者了，他对自己的影像有了创意和想法。

## 为什么要用灯光设备？

首先是有的时候自然光无法达到标准曝光值，打灯的方式是不可回避的，因为没有灯就拍不到；其次是有的时候自然光无法满足拍摄所需的画面。自然光总是很不听话，需要我们来回折腾，比如通过选择不同的时间段来找不同倾斜角度和不同光照强度的自然光。

## 灯光设备的分类

专业的电影拍摄对灯光有很高的要求，经常会使用到镝灯这类设备，它们光源稳定、功率大、可调方式多样。同时还会用到 KINO 这类灯具，或者 PAR 灯，我们在广告现场和 MV 的拍摄现场都可以看到这类设备。但是这类灯比较贵，必须由一个团队共同使用，需配合用到的灯具附件也很多，总之很复杂。

相机摄影机的周边灯光产品主要包括：红头灯、小型聚光灯、三基色灯和 LED 灯。这类产品都是小型化的设备，而且价格不高，虽然性能略逊，但更适合普通摄像爱好者。

HMI 镝灯。

红头灯其实就是一个 800W 卤钨灯管，这种灯虽简陋但很实用，因为它的灯光硬朗有劲。不过灯管很容易烧坏，动不动就会有过热或者短路的现象，而且散热量很大，有一种烧烤的感觉。在淘宝上很多卖家都在兜售这种红头灯的三灯套装，虽说细节得到了提升，但是它的故障率还是比较高的。不过价格实惠，如果需要的话，建议大家不必买三灯套装之类的产品，有一盏就足够了。

与红头灯差不多的是小型聚光灯，它相当于一种很低

普通镝灯。

使用镝灯配合蝴蝶布进行布光。

悬挂大功率镝灯形成天幕光。

PAR 灯组。

PAR 灯和追光灯的舞台效果，对于拍摄来说这样的灯光要注意，很容易造成偏色。

端的镝灯，大概 650W 左右，有聚光灯的设计，通过调焦盘来调整聚光和散光方式，可以把光线调整得柔和且集中。它的价格和红头灯差不多，如果你觉得功率小还可以选择 1000W 的产品。它的应用方式比红头灯多一些，更适合与蝴蝶布、黑旗之类的附件搭配使用。这种蓝色灯具撑起来有一种 ARRI 灯具的感觉，所以很多人叫它蓝头灯。

　　三基色灯其实就是一个荧光灯管箱，用来打底光很合适。它的功率不大，一根灯管 55W 左右，所以即使是 4 根灯管的灯箱也没有多大功率。我一般使用混合灯管，这些灯光的色温可以选择，标准 3200K 或者标准 5500K。为了让白光不要太冷，或者红光不要太暖，我经常使用 3 根 5500K 灯管加 1 根 3200K 灯管来混合使用，效果不错。这种灯的做工都不太理想，在运输过程中容易损坏，灯管也

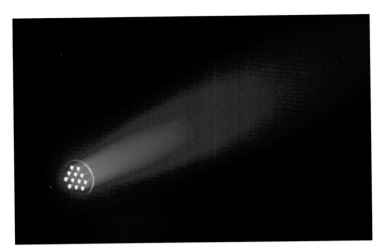

LED PAR 灯。

机头灯。

很脆弱，所以使用的时候要尽量小心。

接下来要讲 LED 灯了，它已经成为我拍摄使用的主要灯具，这是因为它使用方便。LED 灯可以使用电源适配器或电池供电，移动方便，轻便小巧，一两个人就可以操作。LED 灯的色温和亮度都是可调的，一盏灯就有多种使用方式，无论"单兵作战"还是"集团作战"都方便实用。这些年，LED 灯也延伸出了很多不同形式的灯具，下面将以 LED 灯为主要的灯具来进行讲述。

对于蝴蝶布和黑旗这类附件，我们在布光的过程中经常用到。如果你预算有限，那么硫酸纸、白床单、白色浴帘布都可以替代蝴蝶布来使用，只要能达到柔光的目的即可。黑旗可以用黑布、黑绒布或纸壳来替代，目的是遮挡光源。

不过撑起这些设备的灯架很烦琐，建议大家准备一些夹子，它在布置灯光和安装附件时很方便。除此之外，还可以使用台灯进行布光，或者使用 iphone 的手电筒功能，总之不要放弃任何可以发光的东西。哪怕是一张白纸，也可以作为反光板为小静物布光。

## LED 灯具的选择

在摄像机上使用 LED 灯补光在拍摄采访的时候很有帮助，而且可以使用摄像机电池给机头灯供电，机动性强，不用过多的附件，使用起来十分方便。

后来又有了小型多灯珠，不但提高了照度，而且让适用范围更加广阔。这种灯具可以在拍摄小型采访时使用，也可以通过色温来划分画面区域。

这种小型化的 LED 灯可以进行多灯拼接，以增大照明亮度和打光区域，在后面的 TIPS 中会描述一下灯光角度对灯光区域带来的变化。

还有圆形的 LED 灯，其使用范围很广，即使用作主光源也可以。不过圆形 LED 的主要功能是用来打眼神光，这种 LED 灯最早是直接和摄像机配合使用的，现在大尺寸的圆形 LED 灯需要和附件一起搭配才可以使用。

此外，还有大号 LED 灯，也叫作板灯。它就像配合大尺寸液晶屏一样，任何尺寸都可以通过它们拼合出来，而一般的单灯或者三灯照明，也完全可以使用它们。

选择 LED 灯具首先考虑的当然是价格了，但是和价格成正比的是功能，这就涉及细节问题，与灯珠的数量和亮度以及打光范围有关。亮度和色温是否可以调整？可调范围有多大？是否可以进行灯光的分组和拼接？是否有遥

三灯布光用的 LED 灯。

密集的灯珠可以提供更高的照度和更广的范围，还可以使用遮光板来进行光照角度的调整。

不仅可以使用灯架，还可以使用天花路轨吊置，便于在影棚中使用。

LED 灯的亮度可以调整，也可使用线缆进行多灯的分组统一调整。

装在摄像机前的环形 LED 灯。

三灯组合包装。

小型 LED 灯，可以配合色片使用来调整色温，同时也可以互相拼合来大面积布光使用。

小型 LED 灯具可以随时随地进行布光，快速简便。

可调色温能够很好地搭配自然光使用，为人物完美补光。

控器控制？这些都是影响价格和使用感受的因素。

另外，更为重要的一点就是显色指数，这关乎到色彩还原的真实性问题。使用显色指数很低的灯具，不可避免会得到偏色的画面，如果你后期不想进行复杂的校色，那么就要在性能和价格上进行考虑。

# 二、光影造型

使用灯具打光是一个技术活儿，要很细致。打光的乐趣在于不断变化，不过在刚开始尝试的时候，你也许会发现打光效果还不如不打光，因为它会让你的拍摄变得混乱，甚至会破坏画面，但这是学习的一个阶段，必须挺过去。

## 亮度均衡

初学打光时千万要有减法的概念，往往手里的灯多了，就会肆无忌惮地将光叠加在一起，看上去的确很亮，但是没有层次。这时候你要问一下自己，为什么要打光？是亮度不够还是要把主体拍得更漂亮？显然后者更重要。所以在保证曝光量的前提下，要将光影分区，叠出层次来。如果是单灯要用光区和阴影来形成对比，以体现层次和过渡；如果是多灯，则要形成光比来产生叠加过渡。所以在使用灯光时一定要分清亮度和打光范围。

## 色温搭配

布光时，色温要尽可能一致，可以让灯具来统一色温，或者现场调整白平衡来应对不同灯具的综合色温。主光和辅光的色温尽量不要相差太远，否则主体就是"花"的了。但是在主光和辅光之外，背景光可以有一些区别，通过色温来划分出前景和背景、整体和局部的光区来。

## 角度统一

光位就是灯光的位置安排，有角度的区别，但是请尽量保持角度一致，也就是仰角或俯角必须是统一的。具体角度和远近关系可以不同，但是整体角度要尽量一致。既有仰角又有俯角的混合布光方式，很像没有品位的城市公园照明。

**45° 俯角打光**

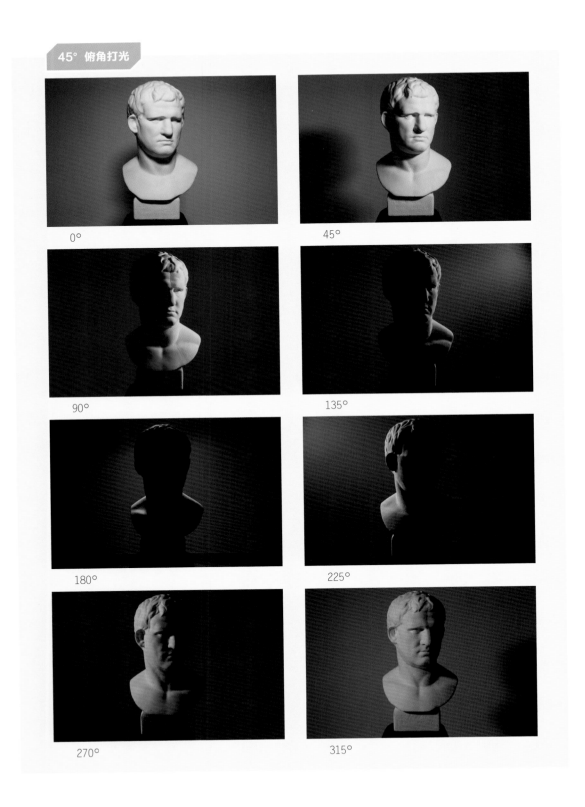

0°

45°

90°

135°

180°

225°

270°

315°

**45° 仰角打光**

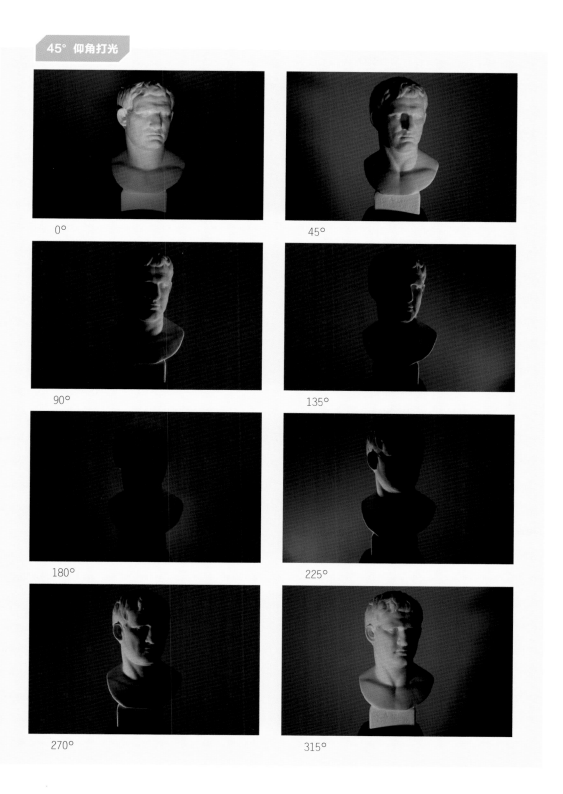

0°

45°

90°

135°

180°

225°

270°

315°

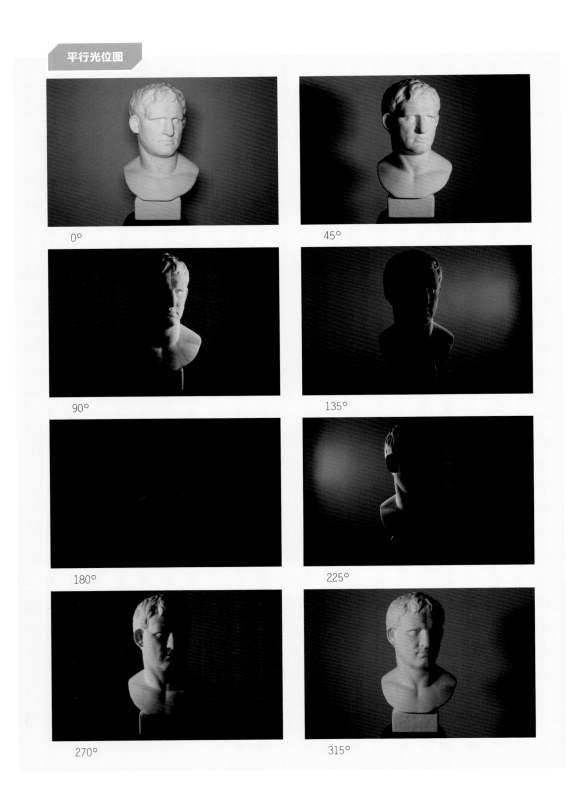

0°

45°

90°

135°

180°

225°

270°

315°

# 三、布光常识

## 单灯布光

单灯布光是最常见、最实用的布光方式。在新闻采访拍摄的过程中经常会用到单灯布光。下面介绍 3 种实用的单灯布光方式。

### 正面布光

这种方式很简单，就是正面打上去，把主体照亮即可。这种光可以保证主体曝光，但是能否拍得漂亮就不一定了。在新闻拍摄中，能拍到是最重要的，如果你去做一个随机采访或者参加发布会，那么这种光就最实用了。

### 伦勃朗布光（单灯）

画家伦勃朗总是喜欢使用斜上方 45° 的光源来打亮主体和刻画主体。所以我们从他的画作上得到灵感，也使用这种角度的光线来刻画主体，尤其是人物，可以让人物的面部产生亮部和暗部反差，从而让面部更加立体。认识伦布朗布光的特性，就会发现人物的面部有一个倒三角形光斑。

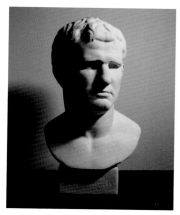

单灯伦勃朗布光，背光处有明显阴影。

当你只有一盏灯的时候，就把它放在人物的 45° 位置，然后以俯角向下打光，那么就会很轻松地得到这样的效果，人物的面部也会很立体。

### 蝴蝶光（单灯）

很多人总是错误地认为蝴蝶光就是双灯从两侧布光，像蝴蝶那样对称，其实并不是。蝴蝶光是从正面以俯角打出的光源，它可以在鼻子和脖子的位置形成阴影，尤其是鼻子下的阴影像一双对称的蝴蝶翅膀，所以被命名为蝴蝶光，这是一种单灯的打光方式。

单灯蝴蝶光。

使用阴影突出人物的性格

恐怖感　　　　　邪恶感　　　　　幽灵

# 双灯布光

### 蝴蝶光式主光源的双灯布光

在双灯布光中，一个是主光，一个是辅光。布光时，可以用一个亮一些的灯做主要光源，打亮重要的位置；用另一盏稍暗一点的灯，把阴影提亮一些，产生一个平滑均匀的过渡。需要注意的是，辅光的亮度不能超过主光。

### 伦勃朗式主光源的双灯布光

双灯布光的要领就是变化要均匀，在主光和辅光之间要形成差异，主光的位置一旦确认之后就不要动了，用辅光来进行修饰。在采访中经常用到这种双灯的方式。你可以在主光不变的前提下调整主体位置，让它和相机摄影机、主灯之间产生一个巧妙的三角关系，这时主灯就可以让主体的过渡更明显一些，辅光则可以打到背景上以营造一个漂亮的背景光。

还有一种方式，同样使用主灯来打亮主体，然后在画面的景深外设置一盏灯，这样两盏灯就修饰出一个有层次和立体感的空间。这种布光方式特别适合采访拍摄。

**蝴蝶光式主光源的双灯布光**

**伦勃朗式主光源的双灯布光**

1. 双灯不同光比下的画面效果, 此图为主光和辅光按 1∶1 光比进行打光的效果, 没有过大的反差。

2. 此图为主光和辅光按 2∶1 光比进行打光的效果。

3. 此图为主光和辅光按 3∶1 光比进行打光的效果。

4. 此图为主光和辅光按 4∶1 光比进行打光的效果。

# 三灯布光

三灯布光中的灯光包括主光、辅光、背景光。这是一种标准的布光方式，以此为基础，再去添加灯光，但是之后添加的灯光都是起修饰作用或者强调作用的光线了。三灯布光的通用性很强，从采访到微电影和电影，几乎都可以用到。

三灯布光的中心点依然是主光，确定了主光的色温、位置、角度之后，再用做减法的方式来协调光线的平衡。

如果以主体和摄像机为两点串起一根轴线的话，那么主光源往往在一侧，而辅光和背景光在轴线的另一侧，这样才能形成对比，分出层次。所以当你不愿意动脑子又想让人感觉专业的时候，一定要记准灯光的位置，然后再根据主体来做精细调整。

## 电影感布光分析

以上讲到的都是基础的布光方式，尤其对于业务级拍摄和采访拍摄而言非常有用，但是对于电影拍摄来说，这样的布光方式只是基础，稍显刻板和单调。还记得之前内容中说的吗？电影在灯光造型上用的不是光，而是影子。

为什么要用影子？其实这种方式在很多古典油画上也可以看到，电影画面的艺术性，包括摄影的画面和胶片画幅的尺寸，这些根源问题都和绘画分不开。只是这些材料、技法发生了变化，但是视觉

使用 LED 灯打出背景光，给主体人物勾边，将前景和背景分离，使主体更加突出。

双灯灵活布光，保证画面主体的照度和亮度平滑过渡。

感受犹存。

还记得前文中强调的刻画细节吗？电影的艺术水准和电视、网络短片相比，就体现在细节之美，这是很多摄像人没有办法做到的。你一定看过《舌尖上的中国》这样的火爆纪录片吧。我的一个朋友戏称它的风格是"特写和大特写"教学片，的确如此，如果你还能记得里面一些画面的话，可以回味一下。

刻画细节就是要把细节突出出来，如果全是亮光，一片惨白，你怎么去突出？所以在电影的打光中，反差是非常重要的，你必须把主体放在影子的外部空间，让亮部去突出它。比如一个美女的出场，光线要一直跟着她，很多青春电影都是这样造型的。或者把主体放在亮部的外面，把它放在影子里，突出它的危机感，比如一张桌子下面的定时炸弹。

千万不要认为你使用了相机摄影机就可以在布光和造型上马马虎虎，设备不是电影成功的关键，你对于故事表达的欲望，对于画面美感的追求，对于场景的耐心布置，对于光线叙述的恰当选择，这些才是最重要的，也才应该是你的心思所在。

第十章

# 拾音能力

影视是声音和画面相结合的艺术形式，是音频和视频技术的交集。所以摄像机的性能高低之分除了看画质之外，就是看拾音能力。有相关的心理学调查显示，画面不好但是声音还原真实，那么人们还可以勉强继续看影片。但是如果声音出了问题，即使画面再出色，人们也很难忍耐。所以为了让观众更好地欣赏自己的作品，我们应该把拾音能力加强起来。

# 一、相机摄影机的音频设置

相机摄影机的音频拾取能力一般都很弱。刚开始拿"无敌兔"出去拍采访素材，画面很好，但是音频的噪声和触碰相机的操控声的确让人不敢恭维。后来只好买了一台数字录音机，才解决了这个问题。

机身上的 MIC 不好用，但相机摄影机的音频设置方式还是有必要留意一下。相机摄影机大多有音频设置功能，而且基本都有"自动"和"手动"设置两个选项。我很少用到手动设置方式，比如降噪或者收音方式通常都选择"自动"。这种设置对于不想在后期中花太多时间的用户而言比较适合。

所以对音频有一定要求的用户，建议不要使用机身 MIC，要么使用外接 3.5mmMIC，要么使用数字录音机。机身上的音频设置通常选"自动"即可，而把更多的精细调整交给后期。

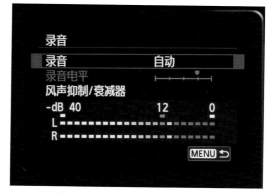

过往的相机摄影机对于音频的设置很简单，分为自动和手动选项。

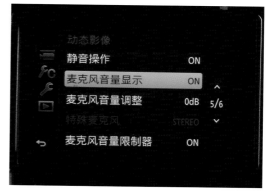

在新近发布的相机摄影机中，音频的设置选项逐渐增多。

可以对 MIC 的音量进行调整，这是对手动录音选项设置的细化。

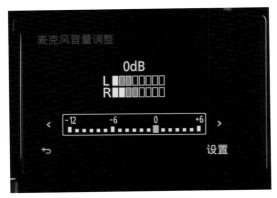

通过电平表进行音量增益的调整。

调整范围在 −12dB 到 6dB 之间。

可以选择 MIC 音量限制器的功能。

对于风声的消减也有相应的设置,可以减少风噪。

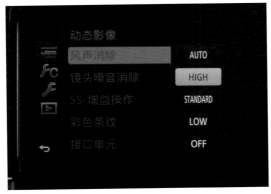

对于风声的消减可以选择不同的降噪层级。

索尼相机摄影机也有细致的音频设置方式。

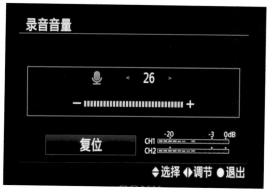

手动音量设置，可以通过立体声电平表来调整。

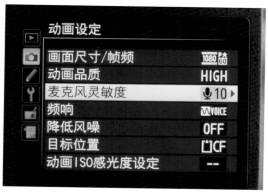

尼康相机摄影机针对 MIC 灵敏度的设置。

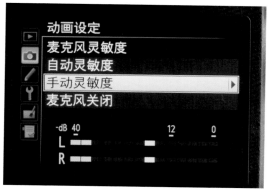

设置形式略有改变，但本质与其他机型一样。

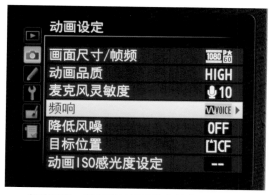

频响设置，其实就是设置收音的范围。

可以选择宽范围和音域，类似于 120° 和 90° 收音的方式，音域会增加 MIC 的指向性。

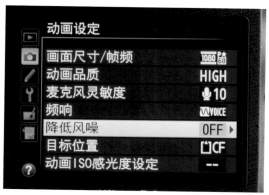

也有降低风噪的选项。

**Tips**：相机摄影机中 MP4 录像格式的 LPCM 选项

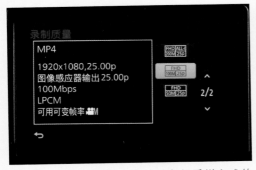

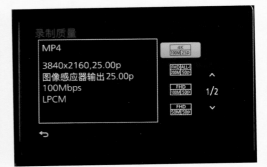

1.在相机摄影机中有针对音频采样方式的选择。

2. LPCM 编码就是常说的线性 PCM 编码，它可以更好地还原现场同期声，是主流摄像机使用的音频编码方式。

# 二、选一个 MIC

相机原本是没有设计 MIC 的，只是后来要用于拍摄视频，才有了这个 MIC。但是我们不要对这个机身内置的 MIC 抱太大希望。拿"无敌兔"为例，它的 MIC 设在机身卡口边缘，只是一个小孔而已，没有独立的位置和悬挂减震方式。这种一体式的 MIC 没有什么指向性，也不会屏蔽操作噪音，所以效果并不理想。

早期对于音频拾取比较重视的是松下 GH 系列，它在机顶热靴左右安置了两个 MIC，而且还是立体声的。不过尽管如此，它的效果依然不够完美，我们需要一个更好的音频解决方案，这就必须拥有一个独立的 MIC，以实现指向性收音，可以降噪，可以减震，可以屏蔽操作音。

## RODE

基于上述目的，有一个厂家生产了大家想要的产品，那就是第一代 RODE VideoMic。这个来自澳大利亚的公司设计了一种不错的的音频解决方案，也让他们的产品走入

第一代 RODE VideoMic。

外接 MIC 的连接。

更多人的眼帘之中。

于是许多摄像人都在自己的相机摄影机顶上安装了一个并不精致的 MIC。除了 RODE 产品，还有一些人使用老式摄像机上的 MIC，不过这并不方便，需要使用转接线将卡侬口转换成 3.5mm 音频口和相机连接。

人们发现用摄像机的 MIC 有点麻烦和别扭，转接也会带来更多的噪声，而且没有一个适合安放 MIC 的地方。架设在机顶热靴处，没有相应的卡口；如果用手举着，又无法完成相机摄影机的操作。如果请一个录音师呢，那还不如买一个 RODE VideoMic 呢。

# VideoMic

第一代 RODE VideoMic 虽好，但并不是没有缺憾之处，如它的做工尚显粗糙，工业设计还保持着早期摄像机 MIC 的雏形。这种枪型设计没有错，但是枪管太长了。几年之后，升级版产品 RODE VideoMic Pro 发布，它的长度刚刚好，非常理想，放在任何相机摄影机上都很帅气，关键是好用，你只要打开电源开关就可以了。对于很多非职业摄像师来说，这就是福音，不用操心，拿着就拍，拿着就录。小 MIC 上显现着人性化的光辉，它甚至还可以设置音频增益和指向性功能。

VideoMic Pro 可以通过 3.5mm 的 mini 插孔连接器提供广播级质量的音频。它超心形的结构确保了周围的杂音被最小化，同时也确保了录音集中在摄像机前方的物体上。

悬置系统把 VideoMic Pro 的振膜舱、电子元件和它的全金属脚架分离开来，使得使用 MIC 不会受外界物理因素的影响而产生不必要的轰隆声及振动。多股式电缆设计使 VideoMic Pro 在确保高清晰度信号的同时，明显地降低了噪音的传播。

VideoMic Pro 的背部是很容易辨认的电源、过滤器和电平控制器。除了麦克风本身具备 40Hz–20kHz 的灵敏度之外，一个可选的 80Hz 的高通滤波器也是可用的，它可以防止空调和道路上的低噪被录制下来。

在上述控制钮下面是电平设置，它可以按需要减弱或

Videomic 搭载在相机摄影机上。

Videomic 外接话筒的设置键。

Videomic 需要打开电池仓才能调整增益。

Videomic 的长度。

Videomic Pro 的长度。

Videomic Pro 的体积要比上一代产品小许多。

使用手柄连接，完成外置收音的任务。

Videomic Pro 直接在尾部通过按键即可调整增益。

使用 9V 电池。

VideoMic Pro 安装在"无敌兔"上进行收音。

VideoMic Pro 可以连接数字录音机录制高品质声音素材。

增强录制的电频大小。–10dB 的减弱（或定值减弱）可以使摄像机录制较为嘈杂的声音，比如摇滚演出或者新闻采访这种题材。+20dB 的增强按钮是专门为相机摄影机设计的，可以减弱相机音频电路引起的噪音。

音频的重要性可不是儿戏，如果你要拍摄微电影或者电视制作级别的纪录片，那么你肯定需要一个专业的录音

VideoMic GO。

VideoMic GO 的背部。

安装在相机摄影机上
的 VideoMic GO。

VideoMic GO 的小巧设计可以用于更小的相机摄
影机。

装在相机摄影机上的 VideoMic GO。

团队。哪怕只有一个专业录音师也好，必须让专业的人来干专业的事儿，不能凑合。

如果你只是拍一部作业短片、婚庆影片或者投资不大的纪录片，那么上述这些 MIC 就是你必须拥有的，它是视频制作的最低要求。你只需花几百块钱就可以得到不错的音质，这的确很实惠。

现在又出现了更小、更廉价、更省电的版本——VideoMic GO。它可以收取清晰脆亮的指向性声音，并且在操作上还超乎想象地简单。该产品最主要的拾音区域集中在话筒的正前方，它可以自动忽略周围的背景音，让目标声音从繁杂的背景音里脱离出来。

VideoMic GO 没有繁杂的功能设置。由摄像机的外置话筒输入接口供电，无需外接电源，直接使用它就可以解决录音问题。这种 MIC 适合入门级的玩家使用。

如果面对业务级视频的拍摄，手头又不拮据的话，对于人物对话和指向性较强的任务，还是推荐使用 Rode 牌的 VideoMic 和 VideoMic Pro。如果对环境音录制要求较高，或者想要达到更好的录音质量，推荐后面将要提到的 Stereo VideoMic 或者 Stereo VideoMic Pro。

VideoMic GO配合附件进行拍摄。

# Stereo VideoMic

Stereo VideoMic 具有两个高分辨率的聚光振膜仓，安装在一个固定的 X/Y 立体声阵列里，能提供非常自然的立体声录制，同时也提供了一个高水准的后部噪音抑制组件。新一代的 Stereo VideoMic Pro 则更为专业，而且外形小巧，能为摄像师提供高品质的立体声选项。

Stereo VideoMic Pro 在 VideoMic Pro 的基础上，重新进行了设计，可以更好地在相机摄影机上使用。降振系统出色地降低了影响录音质量的振动和机械噪音。麦克风背部的电源和均衡器操作起来也很方便，其中包括一个 75Hz 的高通滤波器，这样的设计更好地避免低频噪音的干扰。

通过 -10dB 的减弱按钮可以降低麦克风的灵敏度，从

VideoMic GO 使用图。

Stereo VideoMic。

Stereo VideoMic 和防风毛衣。

Stereo VideoMic 安装在相机摄影
机上。

Stereo VideoMic Pro 的内部
结构。

Stereo VideoMic Pro。

Stereo VideoMic Pro 和 Stereo VideoMic。

Stereo VideoMic Pro 连接 ZOOM H4N 录音机。

Stereo VideoMic Pro 加装防风毛衣后进行拍摄。

使用挑杆配合 Stereo VideoMic Pro 进行录音。

**Tips**：使用 MIC 时，有 4 种相应的操作

1. 打开电源直接录制，如果环境噪音你可以忍受的话。
2. 环境有点嘈杂，那么你可以使用强指向收音方式。
3. 特别嘈杂的环境，可以将音频增益放在 -10dB 上。
4. 如果周围有空调音，或者有远处汽车发动机讨厌的声响，你又无法忍受，那么就使用 +20dB 的方式进行录制，它可以有效减少低频噪音。

而更好地配合使用者去录制一些嘈杂的声音资源；还有一个 +20dB 的增强按钮，则提供了更高质量的信号，以配合相机摄影机使用。当此功能被激活时，低噪音就可以被过滤从而得到更清晰的录音质量。

# SHURE

SHURE 是一家老牌的音频厂商，它生产的摄像机 MIC 口碑非常棒。针对相机摄影机领域，SHURE 在 2013 年发布了具有竞争力的产品 VP83 Lens Hopper 和 VP83F Lens Hopper。

VP83 Lens Hopper 通过一节 5 号电池可以使用 130 小时，和相机摄影机搭配非常方便，且具有非常实用的低切和降噪功能。VP83 适用于相机摄影机与高清摄像机，可捕捉高清晰音频信号。饱满的低频响应，指向性极强的超心形 / 叶形拾音模式，能提供优越的离轴抑制性能和自然的音频再现。此外，这两个型号均采用集成的定制设计 Rycote Lyre 减振架，该装置由 Rycote 独家开发，可以稳定可靠地隔离振动和机械噪音。

VP83F 和 VP83 在功能上大致相同，不过前者比后者多了一个数字闪存录制功能，其他功能也更加丰富实用。

在相机摄影机上一般只有一个 3.5mm 音频端口，使用它做音频输入后就无法做监听使用。而在 VP83F 上专门提供了一个音频监听端口，你可以直接连接在 MIC 上来完成音频的监听。若使用一张 Micro SD 卡就可以在 MIC 上直

接进行音频录制，相当于把 MIC 变成了一个录音机。同时
在机身上还有一个音频输出接口，通过 3.5mm 音频对接线
就可以连接相机摄影机使用。这样 MIC 不但录制音频，还
能同时输出给相机摄影机，形成备份使用的方式。而且它

SHURE VP83。

SHURE VP83F 使用工作照。

SHURE VP83F 在背部进行设置。

SHURE VP83F 加装防风毛衣进行拍摄。

SHURE VP83 和 VP83F 拍摄主持人出镜。

的设置功能非常丰富，数据能够以 1dB 的方式逐级进行调整，这更加完善了参数设置的精细程度。

VP83F 可以当作采访 MIC 使用，或者用作数字录音机、录音笔，它是一个独立的可以采集和录制声音的设备，用处很多样。

# 三、必要的音频知识

看完上述关于 MIC 的介绍，也许有些地方你仍然不太清楚，下面将讲述一些必要的音频知识，学习之后你将对如何使用好 MIC 有新的认识。

## 立体声话筒与单声道话筒

立体声话筒与单声道话筒在结构上是不同的，前者是由两支（或以上）话筒组合而成，这个原理类似于人有一双耳朵。也就是说，用一支话筒无法记录立体声效果。

## 立体声效果

人的听觉是靠双耳产生的。假如前方有垂直于双耳的声源，它发出的声音到达两个耳朵的时间和声压大小是一样的，那我们就能判断出来，这个声音来自于正前方。同理，如果一个声音到达双耳的时间和声压不同，那么我们就能判断出这个声音是偏左还是偏右。

简单地说，立体声话筒就是模仿了这个原理，即声音到达两支话筒的时间和声压不同就产生了立体声的效果。

# 复制效果不是立体声效果

如果仅用一支单声道话筒录音，对一个声场中的声源来说，此时相机摄影机的两个声道只能记录同样的两个信号，这样

的信号就不是立体声信号。如果需要立体声效果，一定要将单声道话筒更换成立体声话筒，此时记录在相机摄影机两个声道上的信号，就能产生时间和声压的变化，这样记录的才是立体声信号。

# 最佳的话筒配置方案

一支强指向单声道话筒加一支立体声话筒的配置最合理。这两种话筒可以根据不同场合的需求合理使用：需要表现立体感声音的时候就用立体声话筒；对采访专题录音的时候使用强指向单声道话筒；有时两种话筒一起上阵，收到的效果更棒。

**Tips**：什么时候需要立体声效果

**拍摄风光片、全景画面**

风光片经常需要展现宽敞的场面，立体声能帮观看者更好地体验到"宽敞"的感受，优美的画面再配上立体声效果，会使整个作品更加完美。如果录的是单声道，优美画面中的各个声音就不会有方位感，整个声场的宽度也会变窄。请想象一个画面，比如在一个风景优美的画面中，一个运动着的声源（开动的汽车、走动的人、飞翔的鸟等）自左向右，立体声话筒可以完整地记录这个声源自左向右的运动轨迹；而用单声道话筒记的后果是，一个声音从不清晰的小声音到清晰的大声音，然后又变回一个不清晰的小声音，这样只能记录音量和清晰度的变化，对于影片创作来说是个遗憾。其实只要使用立体声话筒就一切都OK了。

**录演唱会、演奏会、音乐会实况**

实况就是要记录演唱会、演奏会、音乐会现场发生的一切真实状况，如果使用单声道话筒录音，那么画面中发声的实际方位就无法正确表现出来。尤其是在录没有扩声设备的现场演出（音乐厅、演奏厅），更应该使用立体声话筒。

**婚庆录像**

婚庆录像主要是记录婚礼现场实况，对白比较少，用立体声话筒录音，出来的成片一定是生动热闹的画面加逼真的立体声还原。客户拿出录像播放的时候，很容易就会被热闹的场面和准确的声音还原带到当时的场景中去。现在人们的生活水平都有大幅度提高，很多人家中使用高档音响系统，所以请给你的客户一个立体声效果的婚庆录像。如果条件允许的话，建议再配合一支强指向话筒一起使用，这支话筒主要负责录新人的誓言，然后将这个誓言的声音通过话筒录在另一个摄像机或者录音机里。

**影视剧动效、影视剧环境声**

　　影视剧的一个重要组成部分是对白，为了突出对白，我们需要将强指向单声道话筒用一个专业的长杆挑着靠近演员来录对白。而除了对白以外的声音，都应该录成立体声效果。在做影视后期的时候，再将这两种声音按照合理的比例巧妙叠加在一起，那么画面里就会有清晰的对白声音，而画面中的动效和环境声的方位感也能合理体现出来。请想象这样一场戏：两个演员在一个空旷的山谷里说话，如果我们只用单声道强指向话筒采用近距离的方式录对白，那么对白是录清楚了，但是现场的山谷环境声音就无法更好地反映出来。如果用立体声话筒同时录现场的环境声，那这场戏表现出来该是多么真实！

> ### *Tips*：影视录音

　　在电影摄制的录音里，根据工作性质不同，它的工艺方式也有不同的名称。比如影片字幕上经常看到的前期录音、同期录音、后期录音。

　　前期录音是在拍摄之前的录音，一般拍 MV 时就采用前期录音，也就是在拍摄之前就把音乐、歌唱、演奏录好。然后在拍摄的时候，演员听了前边录的内容对准口形，把过程拍下来。最后再剪辑。演出方有时为了保证演出质量和效果，也用到前期录音。

　　同期录音是影视制作里的一种主要工艺方式，也就是在拍摄的同时进行录音操作。后期录音是在拍摄完成、画面剪辑完成以后所做的声音制作。

　　不管是同期录音还是后期录音，都有一个共同的出发点，即影视艺术是由声音和画面共同构成的艺术。录音师参与创作影视作品时，要根据对剧作的理解，对导演创作意图的领会和把握，以及影片风格、样式的特点，对整部片子的声音构成有新颖的创意和设想。

　　同期录音最大特点是讲求对现场声音的真实还原，而后期录音则是根据画面中的场景进行一种

同期录音。

现场影视录音。

现场同期录音。

拟音配音制作。对纪录片而言，真实性要求较高，导演会要求对当时事件发生时的一切声音信息做真实还原，包括周边的环境声都要做真实记录。举个例子，在一个特写的人物画面中，当我们听到周围环境声，就可以判断出场景发生在菜市场或者发生在酒吧。另外，后期录音大都是在棚里完成的，人物的配音，以及环境声，动效方面的拟音，都可以在后期完成制作。

录音棚配音。

使用同期录音还是后期录音，主要是看导演和录音师对声音的要求，刚才提到的纪录片就是以纪录为宗旨的影片，所以此类片子几乎都是采取同期录音的方式。比如《动物世界》，除赵忠祥老师的后期解说配音，我们听到的都是影片中纪录当时情景的声音。对于后期录音，创造性空间很大，录音师可以对一个场景的声音进行艺术性创作，制作过程也可以根据需要对某个层的声音进行处理，或者夸张或者渲染。处理手段很多，但这些都是后面录上的，并不是影片当时的声音。

最早的电影采用同步播放唱片的方式来回放声音，它很快被另一种更方便的声音播放技术所代替，这种技术可以利用电影胶片的边缘部分来保存声音信号，从而能够做到声像同步。由于这一技术可以实现多音轨录制，并且还能利用数字化的镶嵌技术扩展到可支持多种音频格式，因此该技术一直沿用到今天。

最初在电影胶片上保存音轨时采用的是单声道系统。由于效果并不理想，电影胶片上的音轨很快就扩展到双音轨，从单声道发展到立体声，后来逐步发展到多音轨（一般通过同时播放多卷胶片的方式来实现）。有些电影拷贝件在制作时会在胶片旁边附带磁性片基，用于保存音轨。这种音轨可以获得更好的声音效果，但价格要昂贵很多，而且使用起来也不如光学片基的音轨方便。

1975 年，Dolby 实验室针对电影音轨，发明了 Dolby 立体声技术。Dolby 立体声仍然属于模拟信号系统，它的大致原理是：通过矩阵编码的方式在两条光学音轨上保存 4 条音轨的信息。这 4 条音轨的效果比双声道立体声要好，因为它不仅在电影荧幕后面放置了左、中、右 3 组扬声器，还可以在剧场的旁边和后边放置若干组扬声器来实现环绕声。这一系统就是目前流行的 Dolby 5.1 标准的前身。

随着时间的推移，现在大家都推崇的是 DTS（Digital Theater Sound）数字影院声音系统，电影胶片上只需通过光学方式印上一条简单的时序轨迹。然后通过一个廉价的读取头就能从影院放映机中读出这一时序信号，再根据这一信号同步播放来自一台或多台光驱中的数字音频文件。胶片上记录的只是一些控制声音播放时间的数字信息，这也体现出数字信息能无损耗拷贝的巨大优势。

这虽然是电影的标准，对我们来说有些"高高在上"，但是简单地了解一些，不但会在拍摄 DV 时更好地发挥声音的效果，还可以在家里自己组建家庭影院。对于数字影音生活来说，这还是非常实用的。

Dolby（杜比）音频认证。

DTS 数字音频标准。

第十一章

# 拍摄附件

在相机摄影机拍摄过程中用到的附件十分丰富，不但可以使用三脚架和独脚架进行稳定拍摄，还可以使用摇臂、轨道、手持稳定器、机头灯等附件满足运动拍摄或补光的需要，下面将一一介绍。

# 一、三脚架

三脚架在相机摄影机拍摄中用得非常普遍，这里只介绍一些和摄影中使用不同的地方。

首先，摄像云台和摄影云台的设计是不同的。摄影中常见的云台是三维云台，而相机摄影机在拍摄中没有竖构图，所以使用的云台是二维的，而且配有长手柄，这样更加适合摇镜头的拍摄。

其次，摄像云台有阻尼弹簧，把云台移动到任何位置，它会自行在弹簧控制下回到平衡点。许多摄像师会用这种方式控制小型 DV 在垂直方向上的摇动镜头。

再次，摄像三脚架的调平方式与摄影三脚架不同。专业摄像三脚架，可以使用云台下面的水平仪来调平；非专业摄像三脚架，只能通过调整脚管的长度来调平。

# 二、魔杖独脚架

魔杖独脚架不但可以保持稳定，还可以进行创意拍摄，同时轻便耐用。无论是雪水还是海水、沙子的侵蚀，这种独脚架都毫不畏惧。而且它不仅可以作为相机摄影机的脚架使用，还可以作为灯架使用，通过 1/4 螺栓口直接连接 LED 灯，非常方便。

# 三、摇 臂

摇臂是影视拍摄特有的一种附件，可以通过遥控的方式，为摄像机寻找不同的拍摄角度，且因其自由度大，得

使用独脚架魔杖来支撑相机摄影机进行拍摄。

使用魔杖底座和云台连接，进行低角度拍摄。

独脚架配合脚轮，进行移动拍摄。

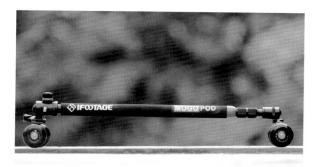

可以将魔杖改装成轨道车使用。

魔杖使用工作照。

到的视觉感受也是不同的。我们通常把需要人工在升降台上操作的方式叫升降拍摄，把不需要人工在拍摄台上操作而只通过遥控的叫摇臂。

摇臂的长度各不相同，短摇臂仅 1 米，长摇臂长达几十米。它们所负责的拍摄任务都是起降和摇移并用的镜头，在一些大型晚会和宣传片中使用较多。摇臂配合的摄像机一般都是业务级或广播级的设备，普通消费级产品不必配合摇臂使用。

器材小型化是一种趋势，想想几年前拍摄 MV 或短片时还要租用笨重的摇臂和轨道。随着相机摄影机的不断发展，手持稳定器、摇臂和轨道都开始小型化了。这类附件不但携带方便，而且在拓展性上有很大的潜力可以挖掘。

有一次拍摄 MV，我使用了一套小巧的摇臂，如图所示，它有几根强度高却很轻便的金属杆，只是需要配合三脚架才可以使用。将分散的金属杆连接起来，摇臂就安装完成了，除了快装板需要使用螺丝固定外，都很简单。

使用小型摇臂的最大感受就是方便。我这次是在室内完成的全片拍摄，所以只谈室内拍摄的心得。

这种小附件在室内拍摄时，不占地方、组装方便，两个人就可以配合使用，一个人操作，一个人看构图和焦段；或者一个人负责升降，一个人跟焦。其中有几个镜头我索性一个人操作，只要广角大、景深合适就可以上下左右升降拍摄，还可以根据音乐的节奏尝试一些摇动和升降变速。

使用配重进行配平。

使用小型摇臂搭配相机摄影机进行拍摄。

小型摇臂。

使用小型摇臂。

# 四、轨 道

　　过去，轨道多半是配合业务级和广播级设备使用，但是现在出现许多 MINI 轨道或者个人 DIY 的小型轨道，这些轨道可以配合小型消费级 DV 使用，从而达到不同的拍摄效果。

　　在进行多维度的拍摄时，推、拉、摇都可以手持或使用三脚架拍摄，操作起来非常方便。但是对于移动镜头就要困难许多了，既要保持移动的稳定，还要保持移动在一个平行面上，如果手持那是不可能高质量完成的。

　　对于这样的拍摄只能使用轨道。以往的轨道都是大型的，不适合摄像爱好者使用；而小型轨道又会出现稳定性和滑动阻尼不匀称的问题。

　　MINI 轨道是一种非常不错的小型化轨道，之前提到

可以使用支撑腿，放置在地面或者桌面上进行低角度拍摄。

使用两个脚架进行支撑，轨道会更加稳定。

轨道和三脚架搭配使用，可以快速方便地进行拍摄。

为了保证轨道上相机摄影机平移的稳定性，轨道设计了旋转手柄，用来控制相机摄影机的运动。

轨道搭配摄像机云台使用，操作更加便利。

的问题都没有出现在它身上。MINI 轨道有两种使用方式：可以架设在三脚架上使用，或者直接打开轨道上的支撑腿，放置在地面上使用。它支持小型 DV 或者相机摄影机使用时，如果机器过于沉重，则对轨道材质的承受能力是一个极大的考验，滑动可能会不顺滑，而且容易损坏轨道。

如果你对稳定性有特殊的要求，还可以使用两个三脚架来分别支撑轨道的两头，以得到更加稳定的效果。而且你可以根据实际情况调平轨道，或进行适当角度斜前方和斜后方的滑动。

打开轨道的折叠支撑腿，可以直接在地面上进行拍摄。MINI 轨道则可以通过滑轨上的滑块和三脚架云台相连接，螺孔的口径是通用的。我们也可以单独为它配置专业的 DV 云台。

使用工作照。

如果不使用三脚架，则可以打开轨道的支撑腿。具体的使用方法在轨道上都有相应的图标标注。从这些细节可以看出轨道制作者的用心。

连接好的轨道，我们直接拖动滑块就可以在轨道上进行平移。由于轨道的长度不能和大型轨道相比，所以我们将景别要尽量处理得小一些，这样滑动的感觉才会明显许多。在滑动过程中速度要缓慢些，保证焦点时时准确。对于支撑腿和滑块的阻尼调整，可以通过该位置处的旋钮进行调整，且手感一流。滑动几次之后，掌握了力度和阻尼的手感，就可以用双手操作控制云台和滑块，以增加平移的稳定性。

在使用三脚架进行轨道拍摄时，我们可以一只手控制云台和滑块，另一只手从下部拖住滑块以提高滑动的控制力和稳定性。

# 五、手持稳定器

手持稳定器也是一种常见的影视拍摄附件，它可以让相机摄影机在运动拍摄过程中保持稳定。对于大型摄像机而言，我们可以使用"斯坦尼康"或者"费哲轮盘"之类的稳定产品；对相机摄影机而言，则需要更加精巧的小型稳定器。

小型手持稳定器有利于拍摄出主观视角更加流畅的镜头，以及一些角度和空间表现不同寻常的镜头。我们在影

轻便小巧的手持稳定器。使
用不同的砝码进行配重，以平衡
上部云台安装的相机摄影机。

小巧的稳定器可以减少摄像师
的负重，而且可以得到更有运动感的
画面。

手持稳定器的手柄可以调节。

山猫稳定器使用工作照。

视剧中可以看到，有一些长镜头是通过手持稳定器来表现
运动的。

　　和摄像机相比，相机摄影机的重量很轻，所以在选择
附件时要明确适用范围。另外，如果没有稳定器，我们还
可以使用较为轻便的三脚架或独脚架，手持这类产品和相
机摄影机搭配在一起，也可以起到稳定拍摄的作用。

## *Tips*：拍摄辅助功能

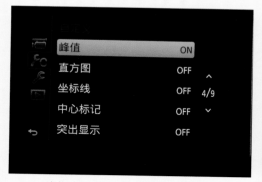

1. 峰值功能可以有针对性地解决对焦问题。

2. 直方图可以展现画面的曝光影调。

3. 坐标线对于构图有很大帮助。

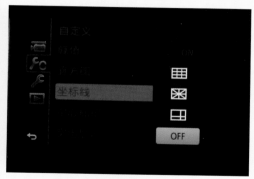

4. 可以选择不同的坐标标示方式辅助构图。

5. 中心标志点，同样可以帮助使用者构图。

6. 突出显示功能可以锐化画面边缘，让摄像师明确物体轮廓。

第三篇

后期篇

# 第十二章

# 素材整理

# 一、素材的导入和整理

辛苦的劳动之后，获取的素材是我们的劳动果实，是摄像师采集下来的矿石，还需要后期的琢磨和抛光。对于素材的导入和整理虽然看似十分简单，但是它在整个后期环节中的位置非常重要。

下文中介绍的并不是如何使用读卡器来连接电脑进行导入，而是说在拍摄过程中，如何在现场导入素材和管理素材。

即使是小的拍摄项目，最好也要有场记环节，转场后即让助理拷贝素材，你最好准备一个备份硬盘。如果你的拍摄量不大，而存储卡又足够多，那么你可以按场景来更换存储卡，要注意对存储卡编号。尤其是一大把 SD 卡，你需要知道哪些卡是可用的，哪些卡是素材已满的。

并不是每个摄像师都有助理，所以你的素材助理就是卡片的"写保护"功能。这个从软盘时代就有的功能，可以帮助我们判断哪些是已用的卡，哪些是未用的卡，然后对已用的卡写保护。

在过去使用磁带摄像机的时候，如果来不及给磁带做带签，那么我会穿起摄影背心。这并不是为了让人看出我是摄像师，而是因为摄影背心上种类繁多的口袋使用非常方便。我把没有用过的磁带都放在身体左侧的口袋，然后把用过的磁带放在身体右侧的口袋。这让我从细节上规避了磁带混乱使用的危机，而且可以很明确地对素材进行大致的分类。

有时候我会用相机摄影机帮朋友拍摄一些现场音乐会。这种拍摄很烦琐，CF 卡和 SD 卡有时会搭配使用，而且音乐会时间长，还要及时导出素材，清空存储卡，以备再次使用。所以在卡不够的情况下，你需要一个拷贝速度还过得去的笔记本电脑，然

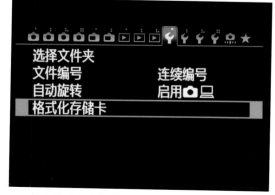

机内格式化存储卡。

后按机位分别建立文件夹。在此之前，你可以使用相机摄影机上的"自定义文件夹"功能，给存储卡设置一个独立的文件夹名称，这样就可以从源头上做名称分类。如果你觉得这样很麻烦的话，那么你可以在电脑上做文件夹名称分类，然后按时间来检索分类。

现在很多婚庆拍摄团队都增加了"快剪"业务，就是把迎亲的过程快速剪辑出来，然后在婚礼现场播放。这不但考验剪辑师的剪辑效率，也考验你的素材管理能力。

我一般给文件夹按照"时间＋事件名"命名，然后里面的素材文件夹按"场景＋机位＋序号＋机型＋拍摄者"命名，这样既可以按场景和机位进行分类，也可以责任到人。这个过程能明确地给剪辑师一个场记分类，甚至团队配合默契之后，剪辑师能了解摄像师的影像感觉。如果需要相应感觉的机位画面，那么直接在相应摄像师的文件夹中进行素材选择就可以了。

# 二、素材的备份

素材的备份在拍摄现场就可以完成。即使你有足够的存储卡，在剪辑台前拷贝完成之后也要进行备份，对于素材的管理就要"狡兔三窟"。

现场备份有两种方式，一种是传统的，在拍摄现场使用笔记本电脑来备份；另一种是使用硬盘备份。

在这里推荐一种备份硬盘——NEXTODI ND2901，它外观有点像数码伴侣，可以读取和备份 CF 卡、SD 卡中的素材。不过它要比数码伴侣更专业，对数据的读取速度更快，安全性也要更高。

NEXTODI 是一个专业数字备份品牌，ND2901 是它旗下一个低端型号，但是对于使用 CF 卡和 SD 卡的相机摄影机用户而言已经够用了。NEXTODI 的高端型号可以备份 SXS 卡、P2 卡这些专业的视频卡。ND2901 支持单个素材大于 4G 的拷贝，这对于使用 exFAT32 分区的存储卡是匹配的。而且 ND2901 内置可充电锂电池，可以保证 90 分钟的续航时间，如果不间断使用可以拷贝 300G 的素材量，这对于一次外拍使用而言是绝对够用的。为了进一步保证数据安全，还可以将 ND2901 的数据备份到外接 USB 硬盘中，备份速度可以达到每分钟 1.4G；如果使用 USB3.0 接口的话，传输速度可以达到每分钟 5G。

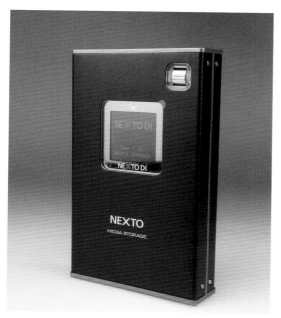

NEXTODI ND2901 备份硬盘。

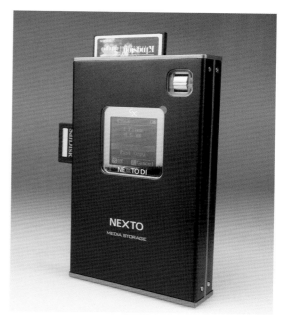

NEXTODI ND2901 兼容 CF 卡和 SD。

侧面的端口。

存储卡端口。

**Tips**：无带化素材的管理

1.每次拍摄前估算素材量，准备足够容量的储存卡。

2.录制前检查储存卡里是否有前次拍摄的素材，是否已备份。

3.准备足够的素材存储空间（磁盘阵列、移动硬盘）。

4.若外拍时间天数多，准备好用于备份素材的笔记本电脑、移动硬盘或专业素材备份器。

5.为备份器准备足够的电池，并确保电池电量充足。

6.一张卡拍摄记录满后，及时打开写保护开关。

7.拍摄当天不要格式化存满素材的存储卡。

8.回到驻地（单位、工作室、办公室）确认备份两份以上的素材后，方可格式化存储卡。

9.存储备份在电脑中，要建立清晰的文件夹目录。

10.素材备份用的硬盘要注意防病毒。

第十三章

# 剪辑流程

# 一、剪辑的内涵和后期制作流程

## 剪辑的内涵

好的前期素材经过后期剪辑师的处理，是一个锦上添花的过程。如果前期拍摄不太理想，后期剪辑师的工作就是雪中送炭。同样，如果后期剪辑师的造诣不够，那么很多高质量的素材也会在粗糙的剪辑工作中耗费殆尽。视频的拍摄和制作是一个整体，下面来说一说后期剪辑的技巧。

剪辑的内涵一语道破就是素材打散再拼接的过程。打散是针对素材的剪，考虑的是每一个镜头、每一个细节，要把需要使用的画面在素材中找到并分离出来；拼接就是编辑，要把每一个镜头、每一个细节组接起来，这种组接需要清晰的编辑思路和经典的剪辑手法密切配合。

我们可以简单地了解一下传统的胶片剪辑，这能让我们更加容易理解现在常用的后期非编剪辑。

胶片的剪辑过程，就是把曝光的胶片经过冲洗，然后根据剧本和卷号来将满意的镜头全部挑出来，再通过剪辑机连接起来。如同我们把相机里的胶卷拿出来，把36张底片每张单独剪出来，然后打乱编号进行排列。这其中包含剪辑必须知道的知识：线性和非线性。

线性剪辑就如同使用相机拍摄一卷胶卷，这个过程是不可逆的，你从第1张到第36张必须顺次完成，不能越过某一个时间段来进行。而使用电脑软件进行编辑的过程是非线性的，所以这类硬件设备或软件经常被称为"非编"，有些地方把这样的编辑工作站叫作"非编线"。非线性编辑可以通过时间线来任意安排素材的排列，这对于素材的打散和拼接来说，效率会大大提高。

## 前期脚本和后期的关系

要弄明白制作流程，一定要先了解前期脚本和后期制

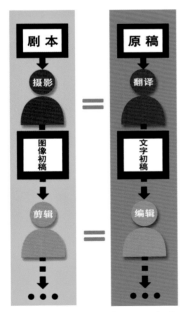

剪辑的工作就像翻译，把文字剧本翻译成画面并编辑起来。

作的关系。前期的脚本全是对影片的设想，但是要靠前期的拍摄落实脚本的内容，后期制作同样是重要的。如果说前期脚本的写作是一个空中楼阁的过程，那么后期制作就是将空中楼阁拉回地面，并且向下挖掘出深厚地基的一个过程。

如果你有写剧本的习惯，那么在后期剪辑的过程中，就可以充分理解前期脚本的作用。故事的脉络、素材的整理，这些都需要脚本来指引。它是一部影片的纲领，只要不做大幅度的情节调整，脚本是一直在指导影片创作的。

## 剪辑的流程

在剪辑流程中首先要按镜头号把需要的画面挑出来，之后就可以按照故事板进行剪辑了。你可以使用便签将分镜头单独罗列拼接，这样就能事先找到剪辑的思路和剪辑表现手法了。

在剪辑中进行修改是常有的事。如果是个人作品，修改的程度全凭你的个人喜好。如果是商业项目，就不要指望客户都了解你想表达的意图，他们可能会按自己的商业目的去指导剪辑。解决这个问题的最好办法就是，在客户的需要和你自己的创意之间寻找一个平衡。

## 合成的流程

在影片拍摄结束之后，剪辑出的画面要经过一些合成的流程。后期中要为这些画面进行校色，这是基础性工作，因为我们要保证每一场的效果都是不偏色且真实还原的。

在软件中可以使用调色单元来对画面进行色彩调整。

校色过程结束之后是调色，这个过程也叫风格化过程。很明显，这是为了让影片具有一定的影像风格，比如偏色、暗角、边缘模糊等。在一些调色软件中，已经有成熟的色彩模板，如果符合自己的要求，只要直接拖拽叠加在素材轨道上就可以了。

调色后的画面，只保留了红色部分。

在很多电影中都要用到调色手法，给画面一个整体的色调。

20 世纪 FOX 公司片头。

米高梅公司片头。

在广告、MV、宣传片中经常出现大量视频包装元素，比如字体效果、动画、图片序列等。在个人影片中，很少会耗费巨资制作动画或者合成画面，这里只简单地说说片头和片尾的画面制作。

片头和片尾动画的设计，主要是字体设计和画面风格化叠加。我们可以看到很多电影和电视剧都使用这种方式来进行片头、片尾制作。合适的片头会明显地体现出影片的风格。对于个人影片而言，可以针对工作室和个人团队制作一个出品方的 LOGO，这样可以在影片播放之前就对制作方有一个介绍。

总之，任何合成和剪辑都是为内容服务的，合成更多是为了视觉效果的营造，剪辑则是为了更好地表达影片的故事。所以最关键的是叙事的传达和思路的体现，这是 DV 创作的重中之重。

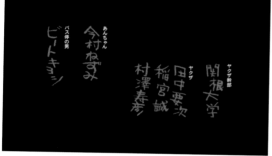

《菊次郎的夏天》的片头非常有童趣。

《志明与春娇》的片头设计非常风格化。

《让子弹飞》的片头整体风格非常一致，而且具有子弹和火焰的感觉。

# 二、剪辑的标准方法

在视频的剪辑过程中，我们应该整理出一个剪辑的流程和方法，这对于素材整理不但效率高而且错误率低。

## 三点剪辑

除了相机摄影机内置的剪辑方式，我们最常用的就是后期非编剪辑。剪辑的软件有很多，但是它们剪辑的方式基本是一致的。快速的素材整理和剪辑都要使用三点剪辑的方法：使用素材的入点、使用素材的出点、使用素材将要安置在时间线上的放置点。

入点和出点是用来限制素材长度的。如同我们缝制一件衣服，素材的入点就是针线扎入布料中的点，然后进行抽针拉线的过程，素材的出点相当于针线扎出布料的那个点。这两个针脚中用到的缝纫线，就是我们利用入点和出点划出的素材长度。

这种方式适合我们快速地在视频素材中找到有用的画面，只要理解这个寻找素材的过程，就可以快速编辑，但

沃尔特·默奇（Walter Murch）的剪辑工作台。

只有找到素材才可以进行之前提到的打散和拼接的过程。三点剪辑方法的优势就体现在寻找画面上。

很多人会使用剪辑软件，但是剪辑效率太低。他们十有八九是会用软件但不知道剪辑的技巧，经常把素材铺放在时间线上预览画面，然后通过剪刀工具剪出需要的画面，再复制粘贴在需要的时间线位置上。这的确是剪辑，但是这样的剪辑非常笨拙，更好的使用方法将在之后的章节中详细叙述。

前面讲了剪辑的思路和技巧，很多朋友一定都跃跃欲试地准备开始剪辑自己的第一部短片了。不过，选择合适的剪辑软件也是至关重要的。

在移动工作环境中使用 Macbook pro 剪辑。

Boland LCD 高清监视剪辑系统。

## Tips：四点剪辑

与三点剪辑相对应的是四点剪辑，这也是最主要的剪辑方式之一。当你要把一堆素材经过剪辑，在时间线上形成一部影片时，那么你在时间线上插入一段剪辑后的素材，会涉及 4 个点，即素材的入点、出点以及在时间上插入或覆盖的入点、出点。这就是四点剪辑，它常用在两台磁带对编机上，你必须找到全部四个点。

如果采取三点剪辑的话，那么你需要先确定其中的 3 个点，第 4 个点将由软件计算得出，从而确定了这段素材的长度和所处的位置。这种方式灵活性大，是电脑剪辑软件的特点之一。

过去的工作小组可以通过 iChat Theater 进行在线协作，而现今的云剪辑可以跨洋协作。

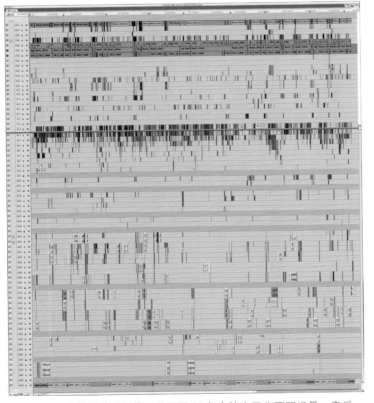

用 FCP 7 剪辑的时间线，共用了 50 条音轨来区分不同场景、音乐、特效。视频则分为 22 轨来区分不同格式的素材内容，比如 Alexa 的原始素材和历史素材。

# 专业双视窗剪辑软件

专业剪辑软件一般都是双视窗的，这符合专业的剪辑流程。所有的素材都要通过剪辑窗口来完成挑选整理的工作，然后再铺到时间线上，这样就可以完成编辑工作，而效果预览是在监视器窗口中完成的。

这是一种标准的剪辑和素材查看环境。剪辑窗口在剪辑操作过程中被单独列出来，这样进行"三点剪辑"操作就非常方便和直观了，只需通过覆盖和插入的操作方式，在时间线上剪辑师就可以快速完成工作。

专业软件的不足，是对格式的要求和剪辑硬件环境的要求较高，如果是家庭用户要做到素材混编就非常困难。专业软件可以保证高清、标清混编，但是最好格式要统一。

正因为上述原因，很多家庭用户在慕名使用专业剪辑软件的时候总是碰到许多"蹩脚"的问题，这其实并不是软件的问题，而是用户在使用思路上不一致。双视窗剪辑软件可以达到快速剪辑的效果，这源自它特有的剪辑视窗功能。

以 Premiere 为例，这是一款双视窗剪辑软件，使用者可以通过剪辑视窗进行入点和出点的设置，并使用覆盖或插入的方式将素材放置在时间线的剪辑点上，然后

**Tips**：Final Cut Pro X 软件介绍

1. Final Cut Pro X 是苹果公司推出的一款"年轻化"的软件，它抛弃了 Final Cut Pro 的专业外观，使用了更具亲和力和更易操作的界面。因为相机摄影机的主流视频格式是 MOV，所以它也逐渐成为处理相机摄影机短片的主流软件。

2. Final Cut Pro X 搭配移动剪辑平台，可以随时随地进行后期处理。

3. Final Cut Pro X 优化了剪辑方式，使用单视窗也可以进行快速剪辑，并且有很多流行滤镜可以使用，让剪辑和调色效率大大提升。

1. Grass Valle 公司推出的 EDIUS 软件在业内的知名度很高，它操作便捷，针对视频的不断发展会及时进行软件版本升级。它的兼容格式非常丰富，而且易用性和稳定性都值得称赞，尤其是对 3D 和 4K 视频的剪辑要求有很好的解决办法。

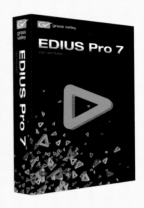

2. EDIUS 剪辑平台对硬件要求并不高。当然如果有高端配置的电脑，那么对于剪辑会如虎添翼。

3. 标准双视窗剪辑界面，适合快速剪辑、快速分享。而且有中文版界面，便于国内用户使用。

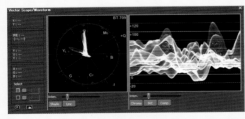

4. 具有示波器功能，可以满足在 EDIUS 平台上的调色需要。

5. 可以在剪辑平台上进行调色操作，无须跨软件就可以快速得到想要的画面效果。

## Tips：Premiere 软件介绍

1. Premiere pro logo，现在的最新版本是 Premiere pro CC。

2. Premiere pro 是一款双视窗的专业剪辑软件，从标清到 4K 影片都适用。但是它对硬件的要求较高，要想流畅使用必须有很高的配置。

## Tips：Vegas 软件介绍

1. Sony 公司推出的 Vegas Pro 是一款极好用的视频剪辑软件，它可以方便地进行单视窗和双视窗切换，剪辑方式多样。该软件对于硬件的要求较低，但是运行状态稳定，剪辑效率很高。

2. Sony Vegas Pro 12 剪辑软件界面。

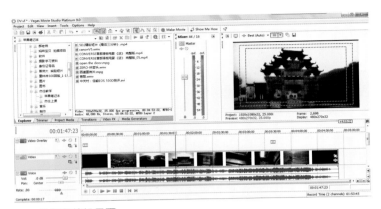

单视窗剪辑界面。

单视窗剪辑软件 WeVideo 在线界面。

从监视器窗口中观察时间线上的素材剪辑效果。

## 单视窗剪辑软件

为一般用户设计的单视窗剪辑软件在素材支持上很有优势，它为了满足家庭娱乐的需求，尽量避免使用者被格式等问题纠缠。同时在软件界面上它也采用流程化设计，而你只要根据软件界面上的"采集"、"编辑"、"制作影片"等流程使用，就可以毫不分心地完成一部短片的制作。

这类软件的界面人性化程度很高，但如果要进行剪辑操作，还要另外进入一个界面才可以完成。它也支持入点、出点设置，但很多用户并不使用这样的方式。家庭短片的编辑本身就是一件快乐的事情，采用怎么样的剪辑方式都可以，只要按照剪辑思路完成就行。

单视窗剪辑软件可以通过剪辑界面来进行编辑，效率比双视窗剪辑软件略低一些，但对于家庭用户而言，选择适合自己的后期软件即可，像运行稳定性、格式兼容性和个人喜好都是衡量的标准。

# 三、影片音乐的选择

音乐无国界，音乐是全世界共同的语言，它的魅力是无穷的。无数音乐家为了音乐创作而穷尽一生，人们可以从他们的作品中去感觉痛苦、激情、欢乐、力量这些细微的感情。

## 电影音乐的魅力

其实，在影片的背后，情绪的推动跟音乐是分不开的，在什么情况下用什么样的音乐是很有讲究的。虽然不可能人人都能自己为 DV 作品创作音乐，但我们可以借鉴别人的音乐来表达情绪。世界上有太多杰出的影视音乐家，从国外的约翰·威廉姆斯（John Williams）到国内的谭盾，有太多不同情绪的音乐能让大家去选择。

我们先来了解一部熟悉的影片《阿甘正传》。里面除了歌曲外，乐器配乐都是由艾伦·席维史崔（Alan Silvestri）完成的，他过去一向被视作大型交响乐的创作者，但在这部片子中，大家并没有听到气势磅礴的交响乐，而只有甜美动听的音乐。这种洗尽铅华、返璞归真的单纯韵调，展现出清新怡人的氛围，正和影片中传达出的温情、高雅的意境相符。在影片开头，羽毛在空中飘动，略带诙谐的钢琴响起，这令人感觉轻松愉

《阿甘正传》的电影配乐充满氛围感，是电影叙事的重要辅助手段。

为宫崎骏、北野武电影作品配乐的著名音乐家久石让。

快，就如同预示着阿甘奔波的一生一样。音乐从极弱开始，渐渐清晰，旋律愈发欢快，这时另一组弦乐峰回路转突然出现，好像一出包围着命运的鸣奏。

## 原声音乐的借鉴

一段好的影视配乐，必须在恰当的地方给予恰当的渲染，起到画龙点睛的作用，如果运用不当会适得其反。交响乐运用得最广泛，它可以表现得大气磅礴，比较适合情绪起伏比较大的段落；也可以合奏出急促、诡异、悬疑的效果。大家可以找不同类型的音乐来分别感受一下效果。

单一乐器演奏的一些小调，像钢琴的有力、小提琴的鲜明、大提琴的忧伤、吉他的玲珑剔透等，都会给人不一样的感受。人们对音乐都有基本的感情辨知，如果情绪运用不当也会给片子带来负面的效果。

著名的摇滚乐队 AC/DC，他们的很多歌曲都作为电影配乐使用。

　　近些年流行起来的潮流电子乐，则适合在一些迷幻视觉的场景中使用。英国电子乐大师澳必托（Orbital）的作品在《X–档案》等多部电影中都有出彩的表现，风迷全球的《越狱》其风格则基本上是全篇铺上音乐。也许你不曾注意，这些影片在抓住观众情绪这个环节上，音乐起到了很大的作用。试想一下，如果去掉音乐，而且观看的是一部默片，那么影片会失去它的精彩。

　　如何为影片配乐？这个问题没有标准答案。只有多听音乐，当你在听着的时候脑中浮现出片子里的某个画面，那么恭喜你，你为你的那个画面找到了合适的音乐。而对于录制音乐，也没有太定式的东西，预算高的话，可以去录制大型交响乐团；预算低的话，可以自己在家里拿吉他和一堆效果器用电脑录制一段 DV 配乐。

第十四章

# 剪辑技巧

# 一、视频剪辑基本流程与常用技巧

视频剪辑，是对前期素材的进一步加工，要综合运用各类蒙太奇手法，加上一定的画面特效和音频处理技术，达到预期的表达和传播的目的。要很好地制作完成一部影片，首先要熟悉非线性剪辑软件，把各种操作工具掌握了，才能得心应手地进行创造性工作。

我们从视频剪辑的基本流程开始，进入丰富多彩的剪辑世界！虽然非线性剪辑平台众多，但大多数操作流程是相似的，区别只是软件界面的工具和人机互动有差异。只要从一款主流软件入手，大多数其他软件都能够触类旁通。

下文将以 Canopus EDIUS 6 软件为例，带着你快速了解剪辑的流程和技巧。

## 工程设置

工程设置是进入剪辑软件的第一步。设置的原则是以最终输出的格式为标准。推荐勾选自定义选项，再对工作任务做进一步细化设置。这种设置对于操作而言是既准确又便捷的，只要知道相机摄影机的相应参数，就可以找到匹配的模式（图 14-1）。

视频预设选项可以选择高清或标清分辨率、逐行或隔行扫描、NTSC 或 PAL 制式。分辨率应根据最终播放平台来确定，如果不确定播放媒介，以高清为宜，后期可以变换为标清标准。当然也可以在高级选项中自定义画面分辨率，这大多用于特殊的媒体需要。

如果用于电视台播出，需使用隔行扫描，若对应我国应选择 PAL 制式，50i 标准。如果是用于网络或者电脑播出，可以选择逐行扫描。其他视频音频选项，基本采用默认即可。如有特殊需要，可以做针对性调整，比如选择多声道音频。

现在的相机摄影机大多是 1080 50P 标准，所以选择 HD 和 50P 就可以了，色位深度选择 8bit（图 14-2）。

通过以上设置，软件给出了 4 种工程预设方案，只要

图 14-1

图 14-2

图 14-3

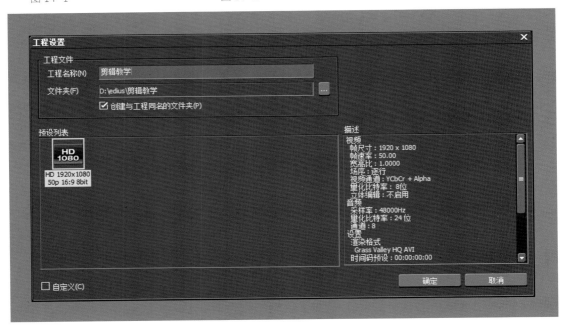

图 14-4

选择一个满足我们要求的预设工程就可以了（图 14-3）。

这样就可以生成一个预设项目了（图 14-4），如果以后有相同的拍摄方式，或者使用同一型号的相机摄影机，也可以使用这个预设项目。

我们还可以对工程设置进行更加精细的参数调整（图 14-5）。这里可以选择的制式和分辨率的组合非常丰富，而且这款软件支持 4K 视频的剪辑（图 14-6）。视频渲染格式可使用非编软件自身的编码，也可以采用通用的编码（图 14-7）。

我们通过软件主界面（图 14-8）可以大致了解一下功能分区。剪辑时间线左右延伸，采用双显示器能提供更多的操作空间。软件支持各个分区自由缩放，用户可以根据工作习惯调整这些分区的位置和大小，也可外接专业监视器实时监看制作后的画面效果。

## 分区的功能

软件主界面上方的主菜单提供了各种功能设定，通过这些菜单可进入相关选项，对诸多功能随时调整和选择（图 14-9）。同时，常用的操作工具在软件中也有对应的快捷按键（图 14-10），这些按键的作用和菜单中的选项是一样的。

素材管理库（图 14-11）、特效面板（图 14-12）可以对剪辑的素材进行整理和归类，也可以把各种视频特效和转场效果拖拽添加到剪辑线上。

剪辑软件大多采用双窗口视频预览模式，其中左面的窗口为素材预览区，右面的窗口为成品效果区。素材在左面窗口进行剪辑点选择，然后添加到时间线上；右面窗口可以查看添加素材和相关特效之后的画面结果。两个窗口下面的工具条，可对素材进行播放、选择剪辑点等操作（图 14-13）。

图 14-14 是时间线轨道管理区，其中 VA 代表视频和

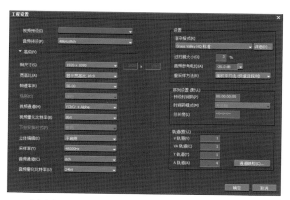

图 14-5

图 14-6

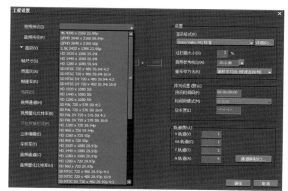

图 14-7

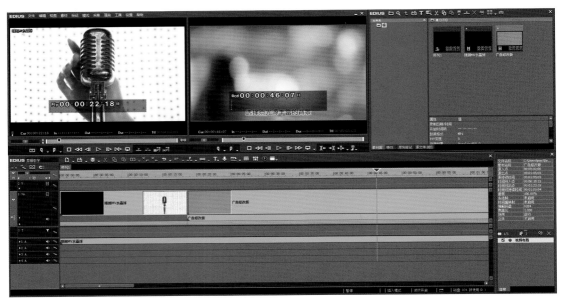

图 14-8

EDIUS 文件 编辑 视图 素材 标记 模式 采集 渲染 工具 设置 帮助

图 14-9

图 14-10

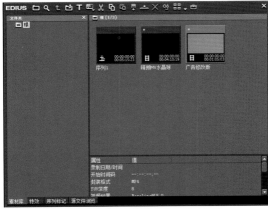

图 14-11

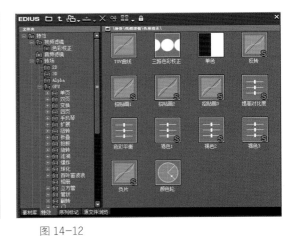

图 14-12

音频同步调用，V 代表视频，A 代表音频，T 为字幕轨道。轨道上，打开小箭头，可以对音频和视频进行操作，比如淡入淡出、音频电平的高低调整、声道的控制等等，并可

图 14–13

图 14–15

以随时关闭音视频。

在轨道中（图 14–15），横向为时间线，竖向逐层叠加的是不同视频和音频的组合编辑。剪辑的基本方法分为组合编辑和插入编辑两种。组合编辑是指在不改变时间线长度的情况下，通过添加其他音视频素材覆盖到某一个区段的原有素材之上。软件的操作规则是，上层优先可见。字幕文件为单独的轨道，独立于其他轨道，不受层关系的影响。但如果字幕文件不放置在专用的 T 轨道，而是作为独立的 V 轨道存在，那么一样要遵守上层优先可见的原则。

插入编辑是指，在时间线的素材上剪开要插入的音视频，在剪开的那点塞进新的音视频段落，使原有素材被分割。添加了新的插入素材后，时间线的长度会相应增加。图 14–15 中的上层素材即为组合编辑模式，高亮部位为插入编辑后的素材。

图 14–16 是选中时间线上某个素材之后，显示该素材的详细拍摄数据资料。图 14–17 是特效控制区域开关，勾选某特效，则打开特效效果，可以控制多个特效的调整，双击该特效即可进入特效制作面板。

以上就是 EDIUS 非编软件的基本界面构成。初学阶

图 14–14

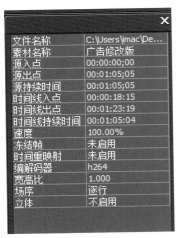

图 14-16

图 14-17

图 14-18

段可以先挨个点击各个功能菜单和按键，进入二级子界面之后，会有更丰富的功能选项。随时调整，随时查看画面的效果，多操作几次即可熟练掌握。

## 剪辑流程

接下来，再按照剪辑的基本流程来了解一些剪辑制作中常用的手段。剪辑的工作流程可以这样进行：素材导入—素材整理—素材粗剪—把素材放到时间线上—素材精简—增加特效—添加字幕—添加配音—制作输出。

## 素材管理

你可以在源文件浏览栏目中，直接读取软件支持的视频格式（图 14-18），可实现不上传而直接在线剪辑，但会受到传输介质速度的影响。为安全起见，如果不是紧急任务，还是先备份素材到电脑上为好。

在素材库中（图 14-19），在任意素材上点击右键，调出各种素材属性的设定，可以根据工作习惯更改。

### 素材粗剪

开始对素材进行粗剪时（图 14-20），先把素材拖拽到左侧预览监视栏，使用入点和出点工具，对源素材进行编辑点选择，以获取其中需要的镜头。然后保存为此素材的子素材到素材库，这样就把较长的原始素材进行了第一步筛选，子素材相当于一个全新的完整片段。为了方便大量子素材的管理，可以单独在素材库中建立文件夹。

在粗剪中，也可以把已在预览窗口中选择好入点和出点的素材（图 14-

图 14-19

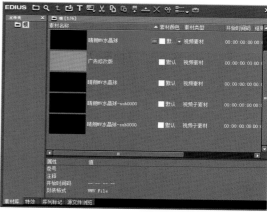

图 14-21

图 14-20

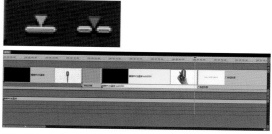

图 14-22

21），使用覆盖（组合编辑）和插入（插入编辑）两种方式放置到时间线上。当使用覆盖命令时，时间线总长度不变，而从用时间线坐标选择要覆盖的点开始，利用预览窗口的素材替代原有时间线上的素材。当使用插入命令时，先利用时间线坐标选择好要插入的位置，点击插入按键，素材会自动插入该位置，其他之前放置的视频依次自动向后延伸。

在一条时间线（图 14-22）上可以任意预设多条轨道层，这些轨道层可以放置额外添加的视频、图片、字幕等多种素材，上层文件会覆盖下层文件。当然，这种覆盖也可以通过调整上层素材的透明度和运动缩放等效果，实现

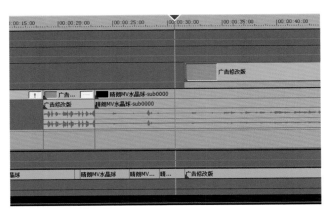

图 14-23

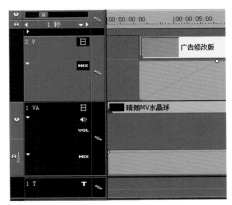

图 14-24

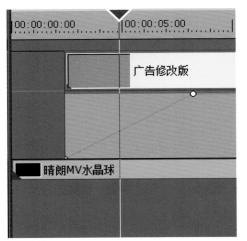

图 14-25

图 14-26

和下层素材的融合（图 14-23），这取决于创作的意图。

　　举例说明一下。选择一层上方的轨道视频，打开左侧该视频的透明控制选项，就会出现一条调整视频透明度的横线。操作者可以在横线上点击设置关键帧，然后调整关键帧之间线条的高低，以使相应的视频实时显示出透明程度，实现和下层视频的融合效果（图 14-24）。

## 特效的使用

　　再看看使上层画面运动的效果。打开特效面板，选择

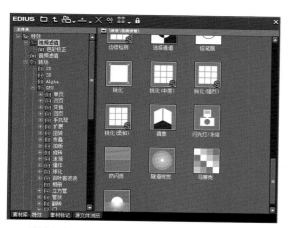

图 14-27

图 14-28

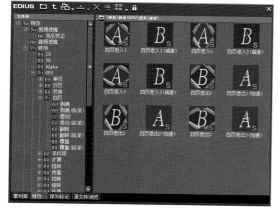

图 14-29

图 14-30

画中画，再拖拽画中画特效到该视频，然后进行画中画的功能调整，选择旋转、缩放、倾斜等各种命令，即可完成（图14-25、图14-26）。

我们可以对画中画的视频做一些艺术化的处理，让它和下层合成之后更好看一些。比如加上画面的阴影、投影、柔边、光效、剪裁等（图14-27、图14-28）。

其他各种视频特效就不一一介绍了，建议大家挨个测试一下，心中有数之后，灵活掌握这些特效。一个视频可添加多个特效，但是渲染会拖慢系统运行。特效不是剪辑必需的，不能为了让画面花哨而滥用特效。

## 转场的使用

转场是指在两个镜头之间利用特殊的画面转换效果完成连接，而不是单纯地直接切换（图14-29、图14-30）。转场特效使用最多的是淡入淡出和化入化出，平稳自然地实现画面的转换。其他翻页之类的转场，使用不当会造成非常生硬的效果，所以要谨慎使用。

转场的方法很简单，和其他视频特效一样，拖拽某个转场特效到两段视频之间即可。之后，再对转场的时间长短做些微调。

图14-31

图14-32

## 素材的精剪

当一段视频粗剪完成之后，要根据最终播放的时长需要，进一步精剪，使得各个镜头语言的组合更严谨，更符合蒙太奇规律。精剪之后，需要加入配音音乐和字幕。为提高软件的工作效率，在进行大量剪辑和特效制作之后，建议输出一段半成品的素材文件。因为在这个文件上进行字幕和配音处理，可以减少因为电脑速度不足带来的不能实时监看的麻烦。

在视频剪辑过程中，可以把刚刚做好的一段时间线作为一个序列素材，另外新建一个序列，之前做好的序列直接调入，当作一个全新的完整素材来使用，这样可以避免因为意外操作导致已做好的序列出现问题（图14-31）。

如果进行高清视频的剪辑，那么应该随时打开软件自带的全屏预览功能（图14-32），检查制作后的实际效果。因为高清视频对画质的要求更高，细微的瑕疵和失误在观看时都会很明显，只有在

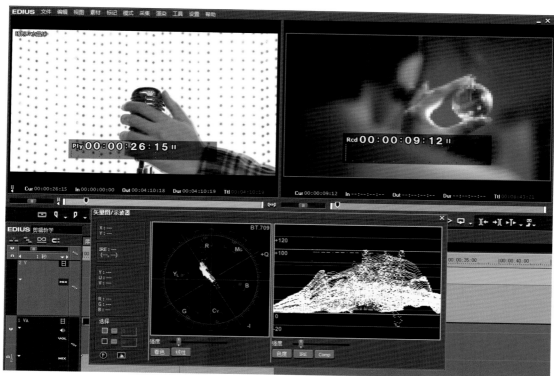

图 14-33

大屏幕中全面检查才能保证制作精良。

完成精剪之后，在加字幕之前，可以进入色彩校正环节（图 14-33）。先打开软件的示波器，通过色彩校正特效调整整片的画面风格。至于采用什么风格，要根据影片的题材和播出环境来决定。调色是一种很主观的工作，每个人对色彩的感受不同，所以后期师要具备优秀的色彩理论才能达到好效果。

音频的调整也是很重要的环节，有单独的面板（图 14-34），通过面版可以对各种频率的音频做合成处理，也可以做出各种特殊的音效，当然必须和画面表达的意境统一才行。通过设置音频上的关键帧，可以控

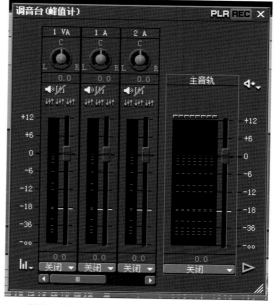

图 14-34

制音频大小。若要控制多路音频的混合效果，需要专用的音箱进行实时监听。音频也有很多滤镜特效，和视频滤镜特效相似，拖拽到音频时间线上，逐一进行设置调整即可。由于控制音频的主观性更强，对于剪辑师的听觉和音乐感要求也极高，这是很多剪辑师的弱项。可能的话，建议音频处理交给专业音乐制作师去完成，那样会取得更好的效果。

至此，视频剪辑工作的基本流程就介绍完毕。建议大家务必养成随时存储的习惯，把每一次操作之后的结果及时保存为工程文件，防止电脑出现意外。

完成前面的制作之后，最后一步是把影片输出为各种媒介（图 14-35）。要是需要刻录为蓝光光盘或者 DVD 光盘，可以直接使用软件的"输出到光盘"功能，对光盘的播放菜单进行设置和美化。要是输出为视频文件，选择什么视频格式呢？那就要看使用场合的要求了。

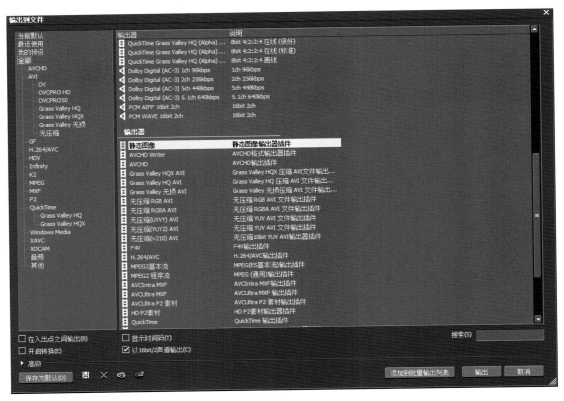

图 14-35

## Tips：剪辑之前需要知道的若干问题

1.确定最终需要的是什么格式的视频，这决定了最开始的工程设置。

2.把素材事先导入非编系统中，有的非编软件需要利用自己的编码进行采集，有的兼容各种视频格式。自身编码的优势是剪辑实时性较好，流畅运行，不需要二次编解码。兼容编码的好处是，不需要额外的转码，素材直接拿过来就可上线剪辑，但可能会影响多层叠加、特效制作时的渲染效率。

3.导入素材的方式有很多种，存储卡、硬盘、光盘之类的存储媒介已经完成了视频的编码过程，只需直接复制到电脑中即可。而磁带则要借助采集卡进行等倍时长的采集，以完成数字文件的编码。

4.某些特殊视频在一些非编软件上不能被识别，这是由于缺少该视频素材编码导致的，往往需要根据视频素材的拍摄格式和编码，下载安装相应的解码器才能应用。

5.如果使用苹果 MAC 系统，可以增加一定的内存作为升级手段。如果是 DIY 的剪辑平台，最好采用尽可能高速的 CPU 和足够大的内存。如果使用 windows 系统，推荐使用 64 位 windows 7 旗舰版和至少 4G 的内存。

6.剪辑专用的电脑要避免直接上网，并安装正版杀毒软件，防止系统受到病毒感染。

## *Tips*：镜头的出画与入画

在剧院里有一个传统，用人物的上场与下场来区分场景，这就是所谓的"法国式场景"方式。由一个角色进入舞台开始，到一个角色离开时结束，这让观众非常清晰地区分了场景。因为大部分角色进入场景都是为了推动剧情的发展，否则一个角色进入场景后完成了角色的作用，继续留在舞台上就是对时间与空间的浪费。而这种出入画，就被后来的电影所借鉴，逐渐演变为人物的出画与入画表演。今天我们就来学习如何更好地利用它创造不同的叙事。

### 侯孝贤的长镜头十分接近原始的舞台上下场

这是台湾导演侯孝贤的半自述影片《童年往事》。在侯氏长镜头中，他依然在严格遵守这种"法国式场景"的叙事方法。在他的绝大多数影片中，摄影机依然就像对准舞台一样屹立不动，坚守着固定试点，只用演员的表演来讲故事。而区分场景的办法正是以人物的出入画作为"转场"，清晰而流畅。

◀ 这是童年的阿哈咕把趴在地上赢的弹珠和从家里偷拿的 5 元钱埋在大树下的桥段。母亲带着阿哈去找钱，两人从画面左方的胡同入画。

真的啦！我沒有騙你

認不得路啦！

▶▲之后的镜头从母亲责骂儿子，到奶奶坐着人力车入画，一家人吵吵闹闹，镜头都没有进行剪切。

◀ 在这场戏的结尾，无奈的母亲带着儿子、女儿和奶奶回家，拿钱给人力车。一家人再从画面左侧的胡同出画，严格遵守了左入左出的原则。一场戏就清晰地划分出来了。

可以说，这样的剪辑，完全是凭借演员表演的节奏带出戏剧感的，出画入画脉络中规中矩，但很清晰，观众把注意力全部汇集在故事上。但是细想为什么如此剪辑观众依然看得津津有味呢？我们注意到，侯氏的长镜头都是在全景的情况下才采用的，此时的画面信息量非常大，我们会注意到房屋、大树，甚至树叶的婆娑和阳光的斑驳都可以带领我们进入对童年时光的回忆，所以如此长的整场长镜头才不会让人疲劳。可以说镜头景别越大，制造长镜头的效果就越好；如果景别变小，剪辑就要加入其他技巧来弥补画面信息量的不足。同是侯氏影片，在前面的阿哈咕埋弹珠的段落中，影片人物的出入画就随着景别不同稍有变化。

◀ 准备将一天的收获偷偷藏起来的阿哈咕正在地上挖坑，此时的景别是中景。

▲◀ 他发现有别的小孩过来了，就及时"收工"，若无其事地静观其变。此时的镜头中，骑着车经过的小孩是从画面右方入画的，镜头跟着自行车从右至左摇。如果此时剪辑不留下入画的长时间镜头，仅让阿哈咕突然"收工"的身体动作与一辆骑车的小孩直接相接，那么会由于镜头时间短，无法表现阿哈咕的机警，毕竟对于这样一个小孩来说，能够预知非常遥远的危险，这实在是太戏剧性。

◀ 画面前景中的阿哈咕视线机警，而背后的小孩装作毫无知觉，两个小孩的对手戏表现得淋漓尽致。当然，也为后面弹珠的丢失埋下了伏笔。所以在这个景别稍小的段落中，出入画不仅起到了区分场景的作用，同时还表演了一个精彩的戏剧冲突。

### 画内与画外表演

除了上面讲到的出画与入画的剪辑方法之外，还有一些用画内表演与画外表演间切换的小技巧，专门解决疑难问题。

◀ 这是在北野武等日本导演的黑帮电影中经常出现的镜头，即黑手党们为了向大哥谢罪，经常要切断自己的手指。这种场景在拍摄时，肯定不能实拍，所以很好的办法是用画内、画外转化的办法剪辑。

◀ 此时的镜头景别是特写，由刚才的手向上摇到主角脸部。很自然地引导观众的注意力到演员"被切断"手指时脸部的表情。

◀ 之后迅速把画面切到拾起断指的特写镜头。

### 声音的画外表演

声音也是电影的一个重要的表现元素。和上面的例子类似，有些时候我们在处理不宜拍摄的画面时，往往要利用画外声音的效果来表述剧情。举一个很简单的例子，如果我们拍摄一个用手枪杀人的动作，第一个镜头是 A 用枪指着 B，第二个镜头是 B 惊恐的表情，第三个镜头可能是一个环境的空镜头伴随着一声枪响。这时我们并没有拍摄开枪的动作，而观众却已经习惯性的接收到了 B 被枪杀的信息。除此之外我们还可以继续做文章，有很多西部片也正是用这种剪辑来误导观众：经常出现的情节是这声枪响后，接的是 A 中弹倒下的镜头，再接一个 C 手握冒烟的枪的镜头。结果出人意料，有很强的戏剧感，今后我们也可以拿来使用。下面，我们再来看一个在《兄弟》中出现的例子。

▲ 镜头由空中摇到远处走来的北野武，直到他继续从画面左侧出画，镜头都是全景镜头。

▲ 这时镜头突然接一个从画面右侧挡住镜头的人物黑影。这个镜头就是以北野武的主观视角拍摄的，展示了他如何被撞。

▲ 然后这个黑影完全遮挡住镜头，画面全黑。此时的画外音是一个重要的在画面外表演的"演员"：一声玻璃瓶落地打碎的声音。

◀ 画面接一个落地打碎的红酒瓶。

▲ 后面的戏可想而知，小混混被黑帮痛扁一顿。

　　如果在这个段落中用普通的正、反打镜头来拍摄，画面节奏拖沓，很难表现出谁故意撞谁。但以北野武的主观视角表现，那么黑人从路边有意撞向摄像机的画面交代就清晰可辨了。

所谓正、反打镜头，就是指拍摄两个人物交互动作的镜头。第一个镜头拍 A，第二个镜头拍 B 对 A 的反应，此时 B 镜头就叫作 A 的反打镜头，A 镜头就叫作正打镜头。

## 小空间的表演

画内与画外的表演有一个很重要的作用，就是处理狭小空间内拍摄的问题。如果实景拍摄一些室内戏，狭小的空间有时很难架设摄影机，再加上灯光、轨道等辅助设备，演员的表演空间就更小了。此时，我们就可以充分利用画外的表演解决空间问题。下面来看《末路狂花》影片开始的一段镜头。

▲ 女主角右入画，穿着睡袍在狭小的屋子中穿过，对画面空间外喊着丈夫，然后反身从右出画。

▲ 女主角左入画去收拾桌子。

▲ 镜头切回丈夫从门后走出。

▲ 之后切到妻子在水池洗完手，眼睛望向画面左侧。

◀ 切到丈夫在画面内整理头发，同时回答妻子的问话。到此为止，两人的镜头都互为画外镜头，两人从未同时出现在画面中，但连续的对白能使观众清晰地了解两人的关系。这也就解决了拍摄空间狭小的问题。

## Tips：创造流畅连续的剪辑

画面是静态图像还是动态图像？焦点是在背景中还是在前景中？主角离镜头有多近？主角在画面中央还是边上？画面的光线和色彩如何？画面里人与物的关系是怎样组织的？在上下两个镜头组接时，上述因素都会影响影片的连贯性。

### 差之毫厘，谬以千里

我们先想象一个场景的剪辑，一个再简单不过的段落：一个人从屋外进到屋内，然后坐下。拍摄时第一个镜头是人推门进屋，第二个镜头应该是人坐到椅子上。但是如果我们再仔细想一想，就会发现同样的段落，稍微改变一下剪切的位置，就会产生截然不同的效果：如果第一个镜头是人物进屋，屈身开始往下坐时，镜头切换到另一个室内机位，人屈身坐到椅子上，此时观众的理解是同一个人进屋落座。但如果第一个镜头切到人物进屋时为止，下一个镜头接到人物已经坐到椅子上，此时给人的感觉就截然不同。有的观众会明显感到"跳"的感觉，甚至还会产生误解，认为已经坐下的人是在屋里等待那个进门的人。

剪辑时要经历两个阶段：粗剪和精剪。粗剪时，要把镜头按照故事发生的顺序（或者剧本上的镜头顺序）排列到一起；精剪时，我们要解决的问题是怎样使剪辑的节奏为故事服务。因此，同样素材的前后两个镜头衔接，时间点稍差零点几秒，故事表达的内容就大不相同。如果我们讲的是人物进屋，那就采用"动势中剪接"的方法（前一个镜头人物开始落座，下一个镜头人物落座完毕，剪辑点选择在运动中）；如果我们讲的是有人坐着等人，那么就采用静接静，并且在第三个镜头中继续强调表现有人提前坐着等待的画面就可以了。

▶ 类似的例子，我们可以看电影《低俗小说》中的段落：两个男人将一个吸毒过量的女人抬到屋子里，准备进行注射。导演剪辑的顺序如右图：在两人抬入房间时，上镜头两人抬着女人右出画，下镜头从两人进门开始，由屋外抬女人进屋，最后再接一家人处理吸毒女的戏。因为室内室外的光线不同，导致前两个镜头画面的色彩差别很大，如果在剪辑时不注意剪辑点的选择，动作没有连接性，观众马上就会感到故事的跳跃。

▲ 如果把两人抬女人进屋的动作剪掉，直接接一家人对女人的注射段落，如上图，跳跃的感觉马上就产生了。观众的注意力马上会从故事中跳出来，转而把精力放到找穿帮镜头上。

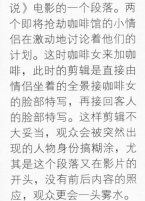

◀ 下面我们再看一个例子。这同样是《低俗小说》电影的一个段落。两个即将抢劫咖啡馆的小情侣在激动地讨论着他们的计划。这时咖啡女来加咖啡，此时的剪辑是直接由情侣坐着的全景接咖啡女的脸部特写，再接回客人的脸部特写。这样剪辑不大妥当，观众会被突然出现的人物身份搞糊涂，尤其是这个段落又在影片的开头，没有前后内容的照应，观众更会一头雾水。

▲ 如果在前两个镜头之间，插入一个全景的有咖啡女进入画面的镜头，也就是说在交代大环境时，对新的人物进行介绍，之后再接新人物的脸部特写，这样几个人之间的关系才会更加清楚。实际上这也是人眼习惯的观察方式——先看清环境，然后再聚焦到感兴趣的某个细节。

## 要技术还是要艺术

电影剪辑是技术上的完美重要，还是引导观众关注叙事更重要？理所当然，剪辑目的是解决叙事问题的，因此无论我们有什么样的剪辑方法，都必须以故事为核心，挑选观众应该看到的镜头来剪辑。

▲ 电影《低俗小说》可以说是一部"话唠"电影，一干明星们无时无刻不在对话。但是昆汀·塔伦蒂诺的剪辑有其独到的地方。在电影中有一个十分经典的段落，就是黑帮的手下带着老板的老婆去怀旧餐厅共进晚餐。在这段长长的对话中，我们发现导演一直采用正、反打的处理手法，整整10多分钟，竟然没有任何机位的变化，就是一男一女一人一句的对话。再到后来，简直连对话都没有了，剩下两人你喝一口水，我抽一口烟，单调得不行。如果按照好莱坞的剪辑法则来说，这一段绝对应该被"蒙太奇"掉，大大缩减时长。但是正是这种令人发指的沉闷，才能使观众感同身受，体会到两个没共同话题（实际上是不敢找到共同话题）的男女的处境。如果像惯常的对话段落一样把它剪辑得珠圆玉润，我们就很难看到一个伟大导演的诞生了。

## 引导观众

观众的兴趣点是需要剪辑师精心引导和启发的。剪辑师工作的根本是要引导观众关注他们该关注的东西，让他们看你希望让他们看的。一切技术层面的挑选、组接，都要建立在这个基础上，此时"明快的剪辑"才能深入人心，带领观众进入导演的叙事之中。

▲ 在电影《低俗小说》中的跳舞段落中，镜头的剪辑尤其简单，一共只有 4 个镜头，并且都是手持拍摄的两人特写，机位几乎没有变化。但正是这种简单直接的剪辑方法，把镜头直勾勾地推到两人的脸上，可以看到女人的陶醉，而男人的眼神则在女人的胸部和脸上来回打量，但又完全不敢有进一步的动作，女人稍微逼近一点，男人就怯懦地躲避，但女人走远，男人又会蹑手蹑脚地跟上。

▲ 与之相对的，周星驰在电影《百变星君》中，对上面的经典跳舞段落进行了模仿。与之不同的是，这是典型港式无厘头剧，导演王晶要强调的并非男女间微妙的关系，因此剪辑方法也变为强调奢靡娱乐场所的镜头剪辑。在同样是手持拍摄的镜头间，插入了大量的夜总会环境镜头，有扭腰的火辣女郎，有花式调酒师潇洒的动作，这一切都是在强调主人公奢靡的生活。

## *Tips*：切出剪辑

　　对于剪辑师来说，有一个十分重要的任务，就是选择合适的素材，吸引观众的注意力，让观众看到导演希望表达的东西，这就牵扯到一个引导的问题。但是一部电影的素材摆在面前，纷繁复杂的镜头动辄上万个，如何才能选对素材引导观众呢？

### 引导观众视线

　　在前期拍摄时，有意识地拍摄足够数量的切出镜头，是保证电影能顺利剪辑的必做工作。切出镜头，就是在上一个镜头中没有出现的物品、位置的镜头。比如上镜头是一家人在吃饭，下镜头是窗外的远山。而如果下镜头接的是桌子上的一盆鲜美的鱼汤，就是切入镜头了。其实电影在后期工作室进行剪辑时，往往剪辑师抱怨最多的就是切出镜头拍摄不够，没有切出镜头，就没有细节，更没有发展次要情节所必需的过渡。这就导致很多镜头在衔接时会产生跳的感觉，毫无美感。

　　电影《巴别塔》可以说是典型的运用切出镜头较多的电影。下面就来看看这部电影里的一些典型段落。

▲ 在电影刚开始时，有一个兄弟两人争抢试用爸爸新买的来复枪的段落。但哥哥技不如人，第一枪就严重打偏了。

▲ 此时导演切入了在一旁观看的姐妹反应的镜头。她们都在窃笑，哥哥丢尽了脸面。此时不需要语言对白，更不需要旁白，就能清晰地明白故事内容。

▲ 接下来，由于有了上一个切出镜头，导演立刻就有引入新机位的可能，所以下一个镜头就变为姐妹们过肩的主观视角镜头。此时剪辑的可能性得到了扩展，暗示了兄妹之间的关系，为下一场兄弟与姐妹的戏埋好了伏笔。

### 用视线引导切出镜头

那么在使用切出镜头时，如何应用才能切出得更自然呢？下面以电影《末路狂花》为例子加以讲解。

◀ 这是发生在电影开始的段落，女主角是餐馆的女招待，她在这个段落中为两个女顾客倒咖啡。第一个镜头是女主角从画面右侧入画，眼睛看向画面的右下角。

◀ 接着视线迅速扫向了画面的左下角，并点头示意。按照正常逻辑，观众们马上会理解在她面前有两个客人。

◀ 之后，镜头随着她的视线，切到一个女人脸部的特写，前景是女主角端着咖啡壶的双手。女主角问："普通咖啡还是低糖咖啡？"女人回答："低糖的。"

▲ 此时镜头再次切回女招待，她说："吸烟会影响性能力的。"并且再次扫视两个抽烟的女顾客。

▲ 接下来的两个镜头都是女顾客的脸部特写，她无所谓地看着画面外的路易斯。

▲ 之后，镜头迅速切到在后厨吸烟的女主角，她的性格特点已经非常鲜明地摆在观众面前。

　　在这整个段落中，每个镜头都可以看成其他镜头的切出镜头，没有任何两人出现在同一个空间中。我们完全可以让别人来扮演女主角，只要身上穿件白大褂就可以，但观众已经习惯性地把这几个镜头衔接成一个整体的空间。也就是说，利用上下镜头间的视线关系，可以轻松地构建切出镜头的连贯性，这是被大量应用于人物对话段落的技术。

## 切出的视角

　　下面我们再回到《巴别塔》的例子。在父亲买枪的段落中，有一个非常精彩的切出段落。

▲ 第一个镜头是卖枪人从层层包裹的麻布口袋里掏出枪。　▲ 第二个镜头还是在掏枪，但是机位与景别都发生了变化。

▲下一个镜头仍在掏枪，但画面焦点已经转移到卖枪人背后的家人，她们密切注视着麻袋里的东西。

▲继而镜头又切到另一个家人注视画面外家人的特写。

▲画面切回刚才妹妹注视的镜头。

▲千呼万唤始出来，来复枪终于露出本来面目。

▲枪被交到父亲手中，注意，背景里还有一个抱着孩子的妇女在注视着来复枪。

▲在父亲摩挲枪身时，儿子依然在看着他。

在这个段落中，本来一个很简单的掏枪动作，被无限放大了，用了近 10 个机位来变换角度。这样就扩大了观众的视线空间，随着不同的机位变化，相当于环视了房间一周。我们还注意到，所有的机位都是以某个人物的视角拍摄的，这就好像观众以不同家庭成员的身份，参与了这次"买枪"的行为，这样的拍摄角度对于影片的剪辑非常重要，可以任意排列不同角度的镜头，观众不会产生跳跃感。

另外，如此复杂的交代，也暗示了枪对于一家人的重要性。从脸上可以看出来，一家人喜欢枪、需要枪，但也十分怕枪。观众可以隐约感到，在这个地区持枪是违法的，这也为后面的一家人由于用枪惹下滔天大祸埋下了伏笔。

## 空镜头的切出

除了人物间的切出外，还有另外一种切镜头方式：空镜头的切出。所谓空镜头，就是画面内没有主体人物，或者与主题相关的事物。这种镜头的存在完全依赖影片的"上下文"，比如一个酒鬼公寓里的威士忌酒瓶，室外草地上躺着的已经碎了的眼镜，插在点火器上的车钥匙。这一切根本没有人物出现，时间也非常短，但发生了什么事情一目了然。

另外，还有一类空镜头，就是在影片中以一种暗喻的方式出现，常常用来阐释死亡、压抑、精神的象征等主题。比如黑泽明在《罗生门》中反复切到的森林，或者伯格曼在《穿过黑暗的玻璃》中的蜘蛛，这些镜头都是以一种"符号"的形式出现，很难说它们和故事讲述有什么直接联系，但它确实提示观众思考更多的问题。与之相应的例子，还有贾樟柯的《三峡好人》中的两个电脑特技段落：类似火箭发射的三峡怪楼，还有走钢丝的人。当然，如果我们要剪辑类似的切出镜头，一定要小心谨慎、权衡利弊，一不留神就会严重影响故事连贯性。

◀电影《罗生门》运用了大量暗喻的切出空镜头。

## 单一人物如何切出

在拍摄许多项目,尤其是随机性很大的纪录片时,往往会遇到一些人物跟拍的场景,而且多是单机位拍摄。这时拍摄回来的素材很容易让人感到单调乏味,原因是没有更多的机位切换。就算摄影师十分认真负责,拍摄了大量的环境空镜头,在后期剪辑时,也不可能长时间用这些镜头机械地穿插在影片中。此时的一个好办法就是把镜头景别推进,用特写来拍摄人物,此时人物的面部表情与肢体动作就可以单独拍摄,剪辑时在这些细节之间切出切入,效果会非常理想。

▲ 第一个镜头,头部特写,交代人所在的环境。

▲ 第二个镜头,交代手部与环境的关系。

▲ 细节特写,看清如何操作。

▲ 回到人物反应的镜头。

▲ 大全景,人与环境(同伴)的交互。

汽车节目的纪录片拍摄,把主持人改装车辆的段落用小景别拍摄,在各个动作细节间交叉剪辑,节奏紧凑,效果非常好。

　　最后，我们再看一个切出切入非常流畅的段落，它是 BMW 汽车系列短片中的一个追车段落，注意其中不同景别间的切换。

## Tips：画面的附加技巧剪辑

　　随着电影在表现形式上的发展与进步，电影剪辑的技巧也在不断完善，各种剪辑技巧相继产生。比如早期的无声电影，在一场戏结束时画面逐渐由有光亮过渡到完全黑场，这是最早的淡出效果；同样，在一场戏开始时也会用到淡入来表现。随着时间的推移，由淡出又衍生出许多相似的画面附加技巧。像迪斯尼动画片的结尾，画面总是由一个圆圈逐渐缩小，最后紧紧地框住主角夸张的表情，这就是后面将讲到的附加技巧中的一种，它是随着电影内容发展出的各种新的表现形式的代表。下面来谈谈这些画面附加技巧的剪辑。

　　先来看看由传统制作工艺发展出来的画面技巧，有时也称这种技巧为光学技巧，因为这些都是早期在胶片洗印工艺中利用光化学反应制作完成的。它们包括显、隐、化，这是附加技巧中最古老、最基础的技术。

### 显和隐

　　显和隐也就是我们常说的淡入与淡出。显，有时也称作渐显、渐明、淡入；隐，有时又叫渐隐、渐暗、淡出。其实从字面就很容易理解，这两种方法就是画面从有图像向全黑的一个变化过程，是最基本也是使用最多的一种附加技巧，它就像舞台剧的幕落与幕起一样，可以起到划分场景的作用。

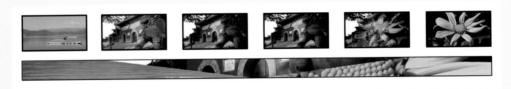

溶入

### 化

　　化，又叫溶化、溶变、叠化、熔接，指的是在前一个镜头"渐隐"的过程中，同时后一个镜头"渐显"出来，直至上一个镜头完全消失，下一个镜头完全显现。在早期胶片洗印工艺中，它是通过将两段胶片叠在一起套印来实现的。这种附加技巧可以使前后衔接生硬的两个镜头更加流畅，能够弥补前期拍摄时"不接戏"的问题。

叠化

## 划

划又称划变遮罩。在影片中，前一个镜头画面渐渐划动的同时，后一个镜头渐渐划入，前后两个镜头的衔接是依靠屏幕内容自身"划动"状态来实现的。划的最基本效果就是一个画面由银幕的一侧划入，而"挤走"原本的画面。

划的作用是在同一场戏、同一个段落或不同时空、不同场景中分隔时间和空间，甚至可以分别表现在同一时间内不同空间里所发生的事件，因此"划"比"化"画面信息量更大，可以使节奏更明快，更具视觉冲击力。

划

## 甩出、甩入

甩出、甩入是指镜头突然从表现对象上甩开（甩出）或镜头突然从别处甩到表现对象上。有时甩出、甩入还可以连续使用，以分离时间和空间。在同一时间、同一空间中也可以采取这种技巧来模拟主角的视线移动，也就是主观镜头的一种剪辑技巧。

另外，由于"甩"的速度非常快，比较适合快节奏的影片，同时这种技巧也可以弥补前期拍摄的不足。方法是，在回看前后不接戏的素材时，找到摄影师"甩"的镜头，选择画面已经甩模糊的剪辑点，把前后两个模糊的地方使用硬切或熔接的办法组接，此时画面内没有参考点的变化，因此很容易使画面流畅衔接。

## 翻转画面

它是指一个镜头经过三维空间的翻转，换为另一个镜头。这种技巧在电影中常用来表达强烈的剧情反差，但是这种技巧不宜多用，它的形式过于花哨，很容易打乱观众对影片内容的注意力。也正是因为如此，它非常适合快节奏的电视节目，比如在文艺晚会、体育转播或专题片中非常多见，该技巧能使观众在短时间内获得大量的信息量。还有，喜剧大师卓别林的一些作品，也常运用这种技巧来转换场景，可以更加突出滑稽的对比效果。

## 倒正画面

倒正画面实际上与翻转画面有些类似，区别只是倒正画面是在二维空间内旋转 90° 或 180°。镜头中的人物相继活动，但随着剧情的变化，时间、地点甚至人物都不相同了，这种组接可以带给观众出其不意的效果，在喜剧、闹剧中较为多见。像欧美的《抢骗》，还有我国的《疯狂的石头》，都大量使用这种转接技巧。

## 定格画面

定格画面，是让画面的主体动作突然静止，从而起到强调和渲染某一细节、某一人物的效果，是为戏剧情节中某一特殊内容服务的。比如在许多早期电影中，每当新的重要人物出现时，画面会静止，字幕或旁白会解释这个人的姓名与背景，以使观众更加清晰地记住这个人物。另外，定格也常在一些侦探片中出现，它往往在犯罪嫌疑人做某些关键举动时静止，从而强调画面重点。

定格还有一个重要作用，就是弥补前期拍摄时素材时长不够的不足。如果画面内容允许主体静止不动（比如远景的环境镜头），而且此时素材太少，就可以使画面静止，从而将画面细节更加完善地表现在观众面前。

### 多画面（多银幕、画幅分割）

多画面就是在同一画幅中展现两个或多个画面，以及在同一画幅内展现完全不同的多种内容。这种方法运用最经典也是最成功的例子，应该数美国电视剧《24 小时》了，它是以"实时"制这一新鲜元素为看点的电视剧。它每季 24 集，每集实时讲述 1 小时内发生的故事，剧情发生时间完全与现实时间同步，观众大呼过瘾。而如果想在这 1 小时中表达所有主人公的遭遇，就必须用多画面来表达不同地点在同一时间发生的事件。这正是多画面技巧的特点。

多画面技巧常用来表现同一时间发生的事件，比如屏幕一分为二，表现正在通话中的双方的实时反应。

多画面

# 二、非编中的多机位同步剪辑

后期剪辑中，大多数人都使用单机位的剪辑模式。在预监窗口选择各类素材，然后添加到时间线上，不同素材通过多次叠加完成基本的组合剪辑和插入剪辑。这种剪辑模式需要反复调整素材的位置和时间长度，如果是同一拍摄素材的不同机位剪辑，就要反复校正时间码使之对齐，以保证音频的一致性。

对于这类在同一时间不同机位拍摄的素材的剪辑，最好最快的方法就是，在保证时间码同步的情况下，像现场直播那样，实现真正的 EFP 效果。所谓 EFP，是电子现场制作的简称，它利用中心控制系统，对多个讯道的信号进行同步切换，实时完成对多机位镜头的选择，并无缝输出最终的成品影片。EFP 是在拍摄现场利用专用的设备进行制作，包括调音台、切换台、内部通话等系统组成（图 14-36）。

对于普通相机摄影机用户而言，并不具备完整的 EFP 硬件设备，那么我们怎么使用前期多机位拍摄的素材，在软件中模拟 EFP 切换，实现方便快捷的剪辑，这就是后面要一起探讨的多机位同步剪辑技术。它的优势非常明显，可以节省素材选择、搜索、剪辑点确定、时间线对位等大量基本操作。在多机位素材同步播放的时候，实时切换到需要的镜头，播放一遍之后就直接完成了一部影片的剪辑。

## 多机位前期拍摄的 8 项注意

适合多机位拍摄的题材包括晚会、会议、体育活动、婚礼等。这些场合需要利用分布在现场的多个机位，使用不同的景别分别拍摄之后，在后期制作中，把这些素材进行一条时间线的剪辑合成，

图 14-36

最终输出为同一时间顺序的不同角度的画面组合。

想在后期利用多机位剪辑模式，需要在前期拍摄中注意一些问题：

1. 至少有一台固定位置的摄像机始终处于不间断连续录制状态，以保证现场的音频是连贯的，这台机器的音频可以作为整部影片的主要音频素材。音频的来源可以是机身的 MIC 录制，也可以是现场调音台输出的音频。

2. 多机位的摄像机最好全部在同一时间开始录制，整个拍摄过程全部保持不间断的记录状态，哪怕是移动机位也不停止录制过程，这样做的目的是保证所有机位的素材长度和时间码一致，为后期进行多机位剪辑时提供方便。一般来说，无论是磁带还是存储卡摄像机，在电池电量充足的情况下，都能维持至少一小时的录制时长，不必担心。记录介质存满后，在最短时间里更换，马上再进行不间断录制。

3. 多机位拍摄，最好选用同一品牌和型号的摄像机。这样画面的风格和影调基本一致，可保证后期剪辑时不同机位切换的画面具有相同的视觉效果。品牌和型号不同的摄像机，在画面质量上是有些区别的，区别太大的画面，会给人一种跳跃感。

4. 在拍摄之前，统一调整所有机位摄像机的白平衡标准，让各机位的色彩还原趋于一致。

5. 在录制之前，保证多机位摄像机录制的格式、码率等基本设置完全相同。

6. 务必打开所有摄像机的音频录制，保证多角度的音频，为后期音频的选择提供更多的安全保证。

7. 如果有多种时间码设置功能，选择统一的时间码标准，清零后开始录制。

8. 开始录制之前，最好把所有机位集合到一起，全部启动录制之后，统一拍摄同一个场记板，并打板，记录下打板的音频点，或者利用现场的 MIC 发出开始口令音频点，这一点可以作为后期多机位剪辑的时间码对位点来使用，会极大地方便后期剪辑。

做好以上准备工作之后，完整的多机位同步拍摄即可开始。录制完成之后，就可以进入后期剪辑系统，导入素材，并进行多机位剪辑。

# EDIU 6 多机位剪辑的操作过程

打开 EDIU 6 软件后，导入多机位素材（图 14-37）。如果需要额外非拍摄的其他素材（比如现场大屏幕播放的资料片等），完成多机位切换后，可以作为补充素材再添加到时间线相应位置。

建立多层时间线轨道（图 14-38—图 14-40）。本次演示视频为 4 个机位，那么加上一个补充素材，至少应该建立 5 层轨道，因为需要利用音频的打板时间节点来对位视频，以使 4 个机位的素材时间码保持一致。所以，建立的这 4 条时间线轨道应为音视频同时导入的规格，而补充素材则可根据情况确定是否使用音频。在原有一条音频的

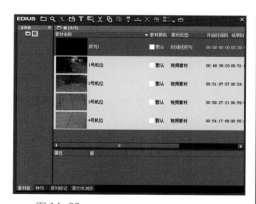

图 14-37

图 14-39

图 14-38

图 14-40

基础上，可以一次性再建立 4 条，等音频对位完成之后，再关闭不需要的素材音频即可。

接下来，进入菜单"模式"选项，能看到一个"多机位模式"选择（图 14-41—图 14-46），单击之后可以对机位数量进行设定。这根据实际拍摄的机位来确定即可，最多可达 16 个机位，但是机位越多，意味着计算机的处理数据量越大，一般用户使用个机位就足够了，否则会影响剪辑

图 14-41

图 14-42

图 14-43

图 14-44

图 14-45

图 14-46

切换的实时性。你可以在一个预监窗口中使用素材加主输出机位模式，也可以使用软件界面左侧的全素材预监，而利用右侧的输出窗口做成品监视。

在素材对位时，可以选择时间码、录制时间、素材出入点等方式自动对齐，或者手动微调各个素材的对齐位置。"多机位查看"选项可以全部选中，方便剪辑实时观察。

之后，把这四个机位的素材分别放在四条时间线轨道

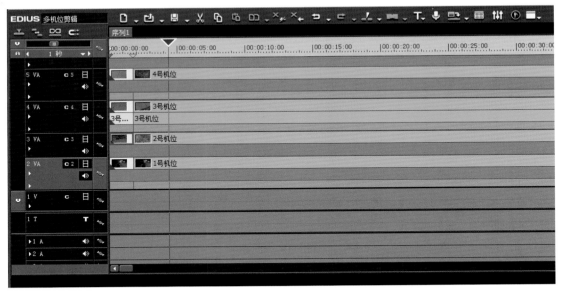

图 14-47

图 14-48

上（图 14-47、图 14-48）。以音频为主的素材放在 VA 线上，其他机位的音频请参照此素材的音频进行长度时间点的调整，最终目的是和主音频保持精确对位，完成之后，让其他机位音频静音，如有需要再打开。

这 4 个机位的切换过程，软件默认的是音频跟随。就是说，切换到哪个视频，音频随之同步到那段视频的音频。

如果不需要其他素材的音频，只需要主音频的话，可以把主音频单独复制一条，对位放置在独立的 A 轨道上。这样把素材所有音频静音之后，这条音频轨道就不受画面切换的影响（图 14-49）。

在进行多机位切换之前，如果素材是高清原始大文件，电脑的计算能力可能无法满足流畅的监视，那么可以激活模式选项菜单中的"代理"一项（图 14-50—图 14-53），让电脑预先渲染素材，自动转换为临时备用的较低分辨率的视频文件。这样可以降低软件渲染的负担，提高剪辑的流畅性，虽然画面分辨率稍有降低，但并不影响最后输出视频的效果。

接下来的工作就是像开始切换台那样，点击播放键，正常播放，在预监窗口实时观看 4 个机位的画面内容，当确定需要哪个画面的时候，用鼠标点击一下即可。整个过程等同于观看一部成品影片，想看哪个画面就点击哪个画

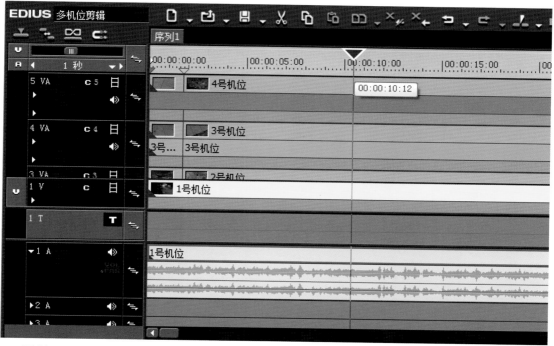

图 14-49

图 14-50

图 14-51

图 14-52

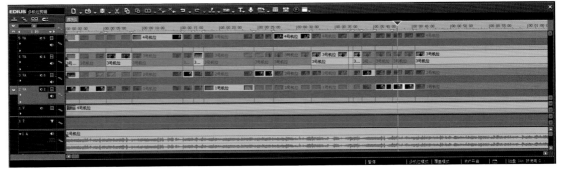

图 14-53

334

图 14-54

图 14-55

图 14-56

图 14-57

面，从而实现模拟真实的切换台。点击切换之后，软件会
实时地无缝拼接为一段完整的剪辑之后的视频。你也可以
利用键盘的数字键，每个数字对应相应的机位画面，一边
看，一边点击，但是它不如鼠标准确，是否会出现误操作，
取决于熟练程度。停止之后，大家可以看到，4 个机位的
素材已经按要求自动切换完成。

　　假如你对初步的切换剪辑不太满意，觉得有些地方需
要微调，那么这也很简单。大家会看到每个剪辑点都有三
角形的标识，粗剪完成之后，可以在这些三角形位置对应

的关键帧进行左右素材出点和入点的精细调整，这是一个此消彼长的剪辑模式，在保持整个时间线长度不变的情况下，随意调整素材的长度，软件会自动跟随（图 14-54、图 14-55）。

当剪辑完成之后，可以在时间线上加上对应位置的补充素材，或者配上音频等其他需要的素材（图 14-56、图 14-57）；也可以把刚刚粗剪完成的时间线打包为一个完整的成品粗剪素材，另外建立一个序列。然后将这个序列拖到时间线上就成了新的独立素材，在它的基础上可以添加补充素材，也可以对整个序列像独立素材一样进行各种剪辑操作。

多机位剪辑技术在提高剪辑效率的同时，对剪辑师提出的要求也较高。剪辑师需要具备导演角色的判断力和对整个影片的把握能力，对于各种素材机位的选择、镜头的选取、节奏的把握都要有足够的随机应变的能力。其实，从难到易，多剪辑几次就能驾轻就熟了。

第十五章

# 调色技巧

为什么要调色？答案很简单，为了从形式上更好地配合影片内容的表达。一部影片的主要语言，由画面、音效（同期音与配音）等构成。其中，画面自然是最重要的要素。要想把影片内容表现得饱满、到位，画面的影调、构图、曝光、视角等细节都要精细安排，才能形成统一的、完美的、适合主题的画面表达。

# 一、调色的必要性

对于高要求的影视作品，比如广告、电视剧、电影，调色是一个出片前的必要环节。调色可以修正有问题的片段，比如修改偏色、曝光不足、曝光过度等问题。进一步来说，它可以突出影片的重点，更改视觉中心点，润饰景色和人物。再深入一点，通过色调可以讲故事，加强影片风格，调动观众情绪。

原始视频素材，画面是以中性的"标准"基色为主。前期拍摄中，往往不会对色调进行调整和设置，尽量按"标准"来拍摄，因为不同的画面素材，可能会在后期中用于不同的场景和气氛。前期不能判断后期处理的要求和操作，所以前期更重要的是把握好构图、曝光这些后期很难处理的环节，而色调，只要保证准确的白平衡即可。当然，模拟夜景、晚霞渲染之类的白平衡也算前期工作，这可以适当改变色调、色温，使其大

在电影《阳光小美女》中，女主角出场是在一个暖色调的温馨场景中出现，而舅舅的出场是在一个冷色调的气氛中出现。人物不同色调的出场方式，能够给观众传达出小女孩是个阳光灿烂的小家伙，而舅舅是个有着心理疾病的"怪人"。所以，一部影片的色调能够带动观众赏片的情绪，并且使影片更具有观赏性。

致符合后期要求。

前期素材拍摄完毕，在后期中，剪辑师领会导演意图后会根据影片风格，确定色调风格，对前期素材进行一级和二级校色。调色可以唤起观众的观赏情绪，甚至在改变一部影片的风格上都会起到决定性的作用。如果一部影片不进行调色，或者调色不

我现在就把它填满
I'll fill it.

电影《姐姐的守护者》主要讲述姐姐妹妹一家人的情感故事。影片主要以暖色调为主，不夸张、不炫技，恰到好处地表现了感人至深的亲情故事。

正确，那么它会在视觉上大打折扣。本来可以影响观众情绪的画面，因为平淡无奇的色彩而达不到目的。或者调色过于夸张，本该平和的画面却显得突兀和做作，这也是不合适的。

合格的调色，应该完全与影片主题相吻合，不温不火，不夸张，不炫技。没有调色的影片是粗制的半成品，调色不正确的影片是半废品。调色是双刃剑，过犹不及不可取，恰到好处才行。

# 二、色彩的属性和情感

调色之前，应该对色彩的属性和带给人的情绪有深入的理解。色彩，是光在不同介质上的反射结果，因为不同材质物体对光的色谱吸收不同，才有了不同的色彩表现。物体对光的不同反射能力产生了各种色彩感受，而这些色彩的物理属性，也会随着光的强弱、角度等不同而发生改变。

## 色彩的物理属性

光线是由色相、饱和度、明度来整体决定本身属性的。色相，是一种色彩区别于其他色彩的属性。尽管自然

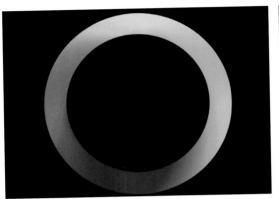
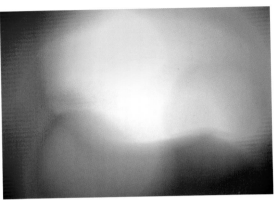

虽然通过白平衡偏移也能改变画面色彩，但这不是一个好办法。白平衡偏移的副作用是，可能对真实环境的色彩还原偏差过大，甚至产生严重的噪点。我们应该尽量在前期布光中，先把色彩的分布进行妥当安排，靠不同照射角度的灯光和使用强弱程度不同的色温滤片等方法，去改变光线的物理属性。

界的色彩极大丰富，但影片媒介却远远不能还原那么多色彩。前期，摄像机可以记录很广的色域范围，而电视机仅仅能接受 8bit 的色彩。这就是说，前期色相很丰富，后期制作中虽然提供了更多的可控范围，但真正能够让观众欣赏的色域要压缩不少。

饱和度，简单理解就是色彩浓度的大小。饱和度过低，色彩黯淡，缺乏足够的色彩冲击力；饱和度过高，虽然显示出明显的色彩视觉刺激，让人更加醒目地感受到色彩的力量，但是会使暗部色彩产生明显的噪点。在处理饱和度的过程中，既要保持一定的饱和度，又不能出现噪点。

明度，是色彩的纯净度、通透度。明度高，则色彩干净准确；明度低，则色彩显得混沌。调色中，未必要追求所有色彩的明度都很高。当主体需要高明度的时候，要用其他辅助物体的低明度做对比。光线在色彩明度中起到关键作用，光线强则明度高，光线弱则明度低，必须充分通过布光来改变明度的高低。

## 色彩的情感

色彩在画面中能对观众带来情感上的影响。色彩有时会造成一种心理上的错觉，它是视觉受刺激之后，对观众更深层次的影响。

在不同的商业环境中色彩基调也是不一样的。比如，大多酒店、饭店采用暖色调照明，就是营造一种安全、温馨、放松的感觉，而且在饭店里面暖色调可以激发顾客的食欲。而冷饮店里则大多使用冷色调，强调清爽、冰凉的主观感受。

一般来说，暖色调画面会带来厚重、可靠、饱满、沉稳的感受；而冷色调会显示出安静、空荡、遥远、清冷的视觉感受。在调色时就要根据影片的风格，采用恰当的冷暖色调，甚至通过冷暖色调的反差和对比，进一步强化主观视觉感受，让观众潜移默化受到影片色调的影响，从而促进影片主题的传达。

比如，寒冷清寂的夜晚，突然画面中出现温馨的暖色调灯光，在大面积的冷色调中非常显眼，观众会立刻被吸引。接下来让暖色调不断扩大，最后进入完全暖色系的房间，一种家庭的温暖感就大大强化了。

而对于新闻类题材，应该采用标准的自然色彩还原，不能采用主观的人为色调，目的是更好地再现真实。纪录片、剧情片则可以根据影片整体风格，采用以一种色调为主色调，至于是暖色系还是冷色系，都要在后期制作之前确定。适当加入冷暖对比可以突出表现主题，但还是应该以一种基调为标准，不能冷暖色调反复出现，否则就失去了主题基调的全片统帅作用。

# 三、调色原则

调色时，不能只顾单一画面，而要把握影片的整体基调，有时某个画面用某种色调表现很有冲击力，但是和整体影片风格差异太大，这样只能舍小顾大。色彩构成，就是通过不同的色彩组合，使画面色彩协调统一。这要遵循一定的色彩规律，才能很好地让观众舒服地体验色彩带来

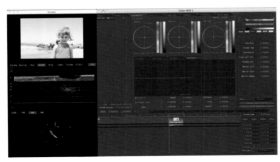
原始图像。

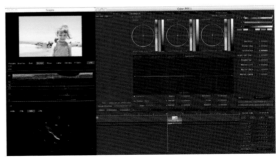
调整伽马值后，图像更加清新、自然。

画面调整前后对比。

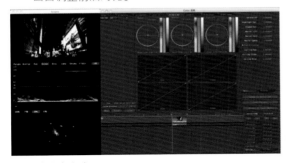
对比度太高。

降低对比度。

画面调整前后对比。

的视觉享受。

首先要确定画面的主体基调。当一个画面或连续画面中出现几种不同的色块，那么始终要以一种色调为标准基调，保证主体色调统一，才能细化其他色调的调整。

提高对比度，可以明显改善画面的反差。一般我们得到的原始素材画面，饱和度略偏低，以便给后期调色留出余地。后期调整饱和度可以降低中间灰度的量值，增加画面的通透性，但对比度不能调太高，否则会使暗部细节丢失或高光溢出。要结合亮度进行调整，也可以调整伽马曲率，改变亮部、暗部、中间影调的动态范围。在调整过程中要结合示波器、直方图等工具做参考，不能出现过度调整。

如果是在夜景、灯光等亮度反差较大的环境下拍摄的素材，可以尝试降低对比度，以改善画面的

电影《——》采用降低饱和度和对比度来营造真实的环境气氛。

《阳光小美女》中的一幕。

电影《时时刻刻》中的一幕。

动态范围。反差降低，目的是让更多大面积的灰暗画面多些层次，因为灯光的亮度已经足够增加画面的反差了，此时对比度过大的话，将严重影响暗部层次的表现。没有暗部层次，画面就会显得太单一。

至于饱和度，调高了艳丽度会增强，但画面显得有些假。因为，自然界的饱和度并没有影视画面那么高。饱和度过高不但容易产生噪点，更容易造成各种色彩的串扰，影响观众的收视感受。很多电影和电视剧，都采用了降低饱和度和对比度的处理，以营造更真实的环境气氛。

其他更细化的调整，包括 RGB 原色通道调整、曲线调整、色彩滤镜、遮罩等，要根据画面的视觉元素和要达到的表达效果进行调整。

在调色中，经常会采用偏色的方式。偏色只是一种色彩倾向的调整，不是让画面明显地偏向某种色彩，而是让影片整体看起来略偏向哪种色调。和之前的冷暖色调相似，偏色一般会偏黄色或者偏蓝绿色，偏黄的色调能烘托一种热闹、活力、温馨的气氛，这要根据画面来做针对性调整。而偏蓝色则像电影胶片的感觉，画面有一种清新、淡雅、冷静、平和的气氛。

之所以常用这两种色调，是因为在大量镜头的画面中，蓝色和黄色相对来说比较中性，其他颜色跟进起来容易一些，即使色相改变后也不会太突兀，整体画面效果的谐调性较好。

# 四、调色工具与注意事项

作为调色工具的操作者，调色师经常需要和导演、摄影师在工作过程中进行沟通，他就像连接现实素材和目标素材的一座桥梁。

影视调色工具使用较多的平台是 MAC 系统，它完善的非线性剪辑和合成功能，可以在一个整体系统中完成。调色软件方面，主要包括入门级的 Final cut studio 中的 Color 工具，高端的 Davinci Resolve、Scratch、Speedgrade、Filmmaster、Baselight、Pandora 等。而 PC 平台则更多借助于 AE 合成软件来处理，尽管执行效率和 MAC 有差距，但只要不是大型的调色操作，还是能够完成任务的。

调色时尽量使用专业监视器，它的色彩还原、色调反差和亮度灰阶等技术指标都要远远好于一般的家庭电视机，更接近影视的高端要求，调节效果会更精确。当然，也要配合软件自带的示波器、直方图等工具，随时判断和调节。

另外需要注意的是人眼的记忆惯性，它可以让人眼逐渐适应某种光环境，并产生视觉上的忽略感。也就是说，当你第一次接触某种色调环境，你会明确画面的色彩倾向，而长时间观看之后，你会发现，开始时的色调感觉弱化，色调的视觉冲击力消失了，甚至认为某种偏色反倒是一种正常色调。这样调色操作一段时间之后，最好暂时离开一会，换个色彩环境休息一下。当视觉感受恢复正常之后，再进行调色工作，这样才会对色彩的把握和开始一样准确。

## *Tips*：Baselight 调色软件

Baselight 工作站。

Baselight 操作台。

软件界面。

**Tips：** Iridas 调色软件

SpeedGrade 软件 logo。

SpeedGrade。

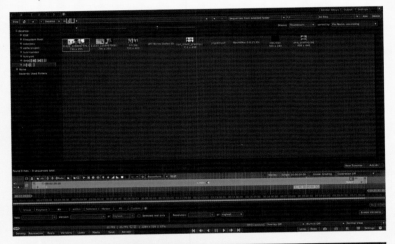

软件界面截图一。

软件界面截图二。

## *Tips*：Scratch 调色软件

Scratch Lab。

Scratch Lab 界面。

Scratch Lab 操作界面。

捕获操作。

Davinci Resolve。

DaVinci Resolve 和调色台。

DaVinci Resolve 11 调色界面。

# 五、调色流程和基本操作

无论使用哪种调色软件、任何调色手法，都以色彩平衡为前提，再做进一步发挥。下面介绍比较常见的操作流程和方法：

调整色彩平衡：

a 通过亮度和色阶调整。

b 通过 Lift、Gamma、Gain 调整。

c 通过曲线调整。

遮罩的用法：

a 需要突出某个视点时，可以通过遮罩保护该位置，压低遮罩外的亮度，突出遮罩内的亮度，营造视觉中心点。

b 如果是天空或空镜头环境不好的画面，拍的片段中构图比较空旷、颜色单一的话，可以通过遮罩改变颜色，使画面不那么单调。

c 模拟简单的光源，利用遮罩来营造灯光或室外打进室内的光束，让画面更生动。

通过选色解决问题：

a 修改皮肤。

b 修改错误商品颜色。

c 把图像的亮部、中间部、暗部拉开层次。

这是一段相机摄影机拍摄的素材，进行调色之前需要打开示波器，并观察示波。

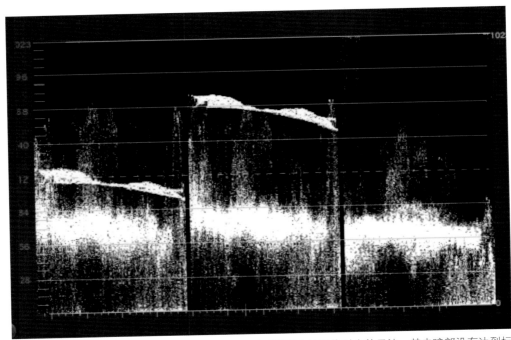

在不调整相机摄影机设置的情况下，我们可以看到现在的图像对应的示波。其中暗部没有达到标准值 0，波形没有展开，画面曝光不足，需要进行一级校色来展开波形和调整颜色。

进行一级校色，通过 master offset 把波形统一拉到底部，使波形达到标准值 0，确定图像的黑位水平。

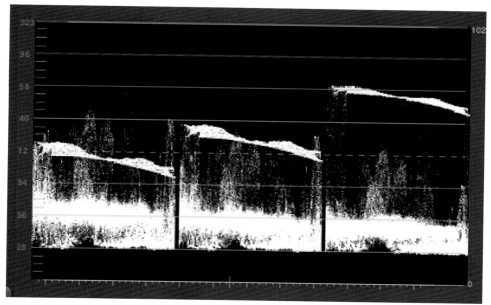

展开 master gamma，让画面显得明亮。这时可以看到黑位已经标准，示波器也展开了。同时你会发现蓝色通道的两部已经溢出，该怎么办？对应图像，可以看出溢出的部分对应的是天空，所以先处理这个位置。

在 resolve 里再添加一个节点，画一个圆形遮罩，改变形状，把它放到中间。由于遮罩默认的是处理遮罩内部，但是我们的目标是天空，所以选择 invert，反选区域。

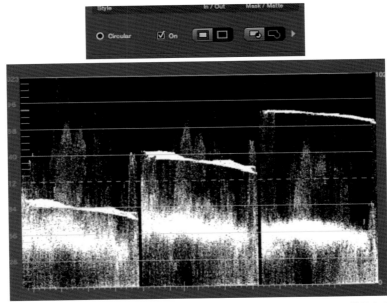

把 blue gain 往下拉（降低），并把 gain offset 往下拉（降低），这时示波器上的蓝色通道溢出的区域已经补救回来。由于遮罩外的区域 gain offset（即画面的亮度）下降了，相当于画面中加了暗角，这就是之前提到的遮罩的用法之一。

现在要加强这个暗角。选择 add outside，即添加外部节点，此时能看到第二个节点到第三个节点上有两条线，证明这两个节点有相互关系。当调整遮罩的位置时，两个节点的缩略图都会随之改变。

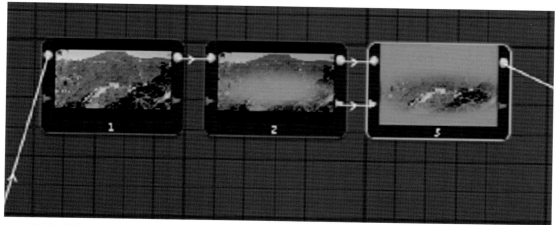

现在调整第三个节点，即调整遮罩内画面中心的长城。

增加 gain offset，再把 gamma offset 降低一点。再添加一点饱和度，让中心点更明亮。

继续添加一个节点，增加饱和度和对比度，润色画面。

　　再添加一个节点，这次我想再做一个遮罩。因为我认为画面都是绿树，面积比较大，我想让画面更生动一点。在这个节点里，我做了个反选的椭圆形遮罩，希望改变前景的颜色。在 WAVE 调色台上往黄色方向调整，让前景树叶偏黄一些。

这是调整后的效果。现在的画面中有偏蓝绿的远山，前景绿叶略带金黄，长城突出来了，画面层次比较丰富。

最后我们看看调色前后效果的对比。

**Tips**：什么是一级校色、二级校色？

　　一级校色就是把影片调整到正常的白平衡。当你拿到素材后，需要浏览一遍，要设置的项目完成之后，可以开始一级校色。通过一级校色，可以把波形展开，把黑位对好，把亮部控制在合理范围，把偏色调正确。

　　二级校色通常是在一级校色之后进行，包括遮罩、选色、跟踪这几项内容，不过一级校色的方法到二级校色里仍然适用。二级校色就是让调色师继续润色画面，突出影片重点，或者营造色调。但必须谨记，二级校色是在一级校色调整正常后才开始的，如果一级校色马虎了事，到二级校色中，比如涉及选色等进一步操作时，会受到一级校色的影响而导致选择不正确。

**Tips**：影片都是由很多个镜头构成的，每个镜头都要
　　　　调整吗？有没有什么省时省力的好方法？

　　是需要一个个镜头调整的。在 Resolve 软件里有几种方式可以快捷统一地颜色：
　　a. 一般的做法是逐个拷贝调色属性。
　　b. 选中需要整体调色的片段，把它们添加到一个 group 里，然后随意选择其中的片段进行调整，也可以整体改变色调。
　　c. 或者进入 track 模式，在这个模式中的所有调整都会影响所有的片段。
　　d. 在 resolve 中还可以通过设置播放头（play head）的方式来比对 4 个画面的颜色，而 4 个画面可以自定义。

　　以上方式实现的前提是，摄像机是一样的设置，色温、光源等接近。如果遇到反差很大、色温完全不同的环境，就需要手动地逐个镜头对比调整了。

**Tips**：不同场景出现在同一部影片中，如何保证色调统一？

　　通过示波器和眼睛来辨别颜色是否统一。开始调色前我通常会浏览一遍，知道哪些画面是重要的，会多次重复的，那么在调整的时候就下意识地保持那些片段的属性。当再次遇到相同的情况时，就找到那个属性，拷贝出来就好了。这也是很多调色软件自带的功能，你可以存很多 looks / grades / stills，在需要时调用它们。

**Tips**：经常碰到的调色问题有哪些？如何成为一个优秀的调色师？

通常碰到的情况比较多，也比较繁杂。大致有这些情况：色温不统一、色温不准、曝光过度、曝光不足、构图有问题、多机位拍摄颜色不匹配、人物肤色有问题等等。

对调色师的建议，还是要多尝试，因为调色方法就是那么几种。不断尝试就是个不断积累的过程，通过和不同的导演合作，尝试各种调色实验。只有你遇到的情况足够多，你才能以最快的速度去处理各种画面问题。

**Tips**：调色师给摄像师的建议

1.在可能的情况下，邀请调色师进入前期会议，即使是简单会面也可以，让调色师知道将面对哪些素材。摄影师也能通过调色师知道什么调色是可以做的，什么调色是不可以做的，什么情况是可以通过摄影手段来解决问题的。通过这样的见面聊天，其实可以更了解对方能做什么，反而更节省成本。

2.面对相机摄影机或者数字电影摄影机这种设备，先要搞清楚机器的工作方式，了解机器性能，以及后期如何处理。清楚了解这部分内容，会给后期减轻压力。

3.在保证不曝光过度，正常曝光的前提下，可以控制 1-2 挡曝光的余地，保留更多细节。

第十六章

# 输出设置

影片输出的方式比较简单。只要按照流程来采集、编辑之后，就是导出影片，也就是影片输出的过程。我们需要了解输出时对于视频格式的设置，只有知道设置参数的技巧和视频格式的应用方式，才可以说关于影片的输出是成功的。

以 EDUIS 软件为例，在新建项目的时候，我们可以根据不同的前期拍摄格式来设置项目文件属性，而且根据渲染方式的不同来选择码流。在输出时，使用者可以使用输出器功能来设置输出时的格式和码流，并根据要求来设置视频的质量。把握格式的通用性是关键，至于质量，则完全看个人喜好和影片分享的要求来决定。

对于视频格式的应用来说，针对性是很强的，我们需要了解每种格式的适用对象和范围。一般 PC 机采用的无损输出格式是 AVI，MAC 机采用的无损输出格式是 MOV。无论哪个系统，采用这两种格式的目的都是相同的，就是要保留最高质量的视频素材。无论是素材的导入、编辑还是输出，在无损的环境下完成是最好的，这可以保证影片的质量。但是它的缺点是视频素材占用的容量太大，素材的调用和保存都需要大容量硬盘，电脑硬件如果不高的话，视频编辑速度和导出速度都会过慢，还容易造成死机的现象。当然，当你制作出成片的话，最好保留一版无损格式，以后再使用素材的话，方便调用和修改。

以 EDIUS 为例，编辑结束之后点击"输出"选项，选择"输出到文件"。

在预设中有很多输出格式、编码、码流的选项，这些都关乎播放平台、画质和流畅度。

　　QuickTime 是一种常用的输出格式，它可以与大多数电脑兼容，对移动设备而言也是不错的格式选择。

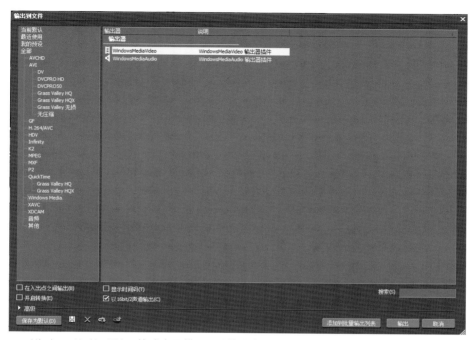

  Windows Media Video 格式也不错，可以输出容量小、画质高的成片，适合当作小样发给客户确认样片。

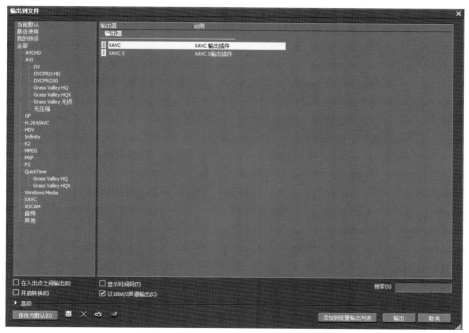

  XAVC 格式对于 4K 影片的制作来说，未来会是一个重点。

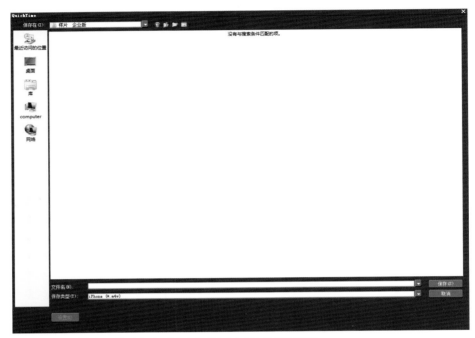

选择存储路径，然后点击"输出"就可以开始输出旅程了。

图书在版编目（ＣＩＰ）数据

DSLR高清视频拍摄 ／ 郝大鹏著. -- 北京 ： 中国摄
影出版社，2015.10
ISBN 978-7-5179-0374-1

Ⅰ．①D… Ⅱ．①郝… Ⅲ．①数字照相机—单镜头反
光照相机—摄影技术 Ⅳ．①TB86②J41

中国版本图书馆CIP数据核字(2015)第247835号

--------------------------------------------------------

DSLR 高清视频拍摄

作　　　者：郝大鹏
出 品 人：赵迎新
策划编辑：黎旭欢　张　韵
责任编辑：常爱平　谢建国
封面设计：衣　钊
版式设计：刘　铮

出　　　版：中国摄影出版社
　　　　　地址：北京市东城区东四十二条 48 号　邮编：100007
　　　　　发行部：010-65136125　65280977
　　　　　网址：www.cpph.com
　　　　　邮箱：distribution@cpph.com
印　　　刷：北京印匠彩色印刷有限公司
开　　　本：16 开
印　　　张：22.75
字　　　数：400 千字
版　　　次：2015 年 11 月第 1 版
印　　　次：2015 年 11 月第 1 次印刷
ISBN 978-7-5179-0374-1
定　　　价：99.00 元